粮食中典型化学污染物分析方法研究

张丽媛　于润众　著

U0241484

中国纺织出版社有限公司

内 容 提 要

本书以多种粮食为研究对象,以三嗪类、磺酰脲类、酰胺类除草剂和霉菌毒素典型化学污染物作为目标物,对其分析方法展开研究,介绍了粮食中典型化学污染物前处理关键技术,改进前处理分析方法和测试手段,以高效液相色谱法为分离测定方式,研究了杂粮中除草剂分析方法,并结合数据挖掘技术对实验数据进行化学计量学分析,建立适合不同杂粮的典型化学污染物分析检测方法,补充并完善粮食中典型化学污染物分析方法,并总结了国内外近期的研究成果,对相关领域的科研人员、生产单位从业人员和企业具有重要的参考价值。

图书在版编目(CIP)数据

粮食中典型化学污染物分析方法研究 / 张丽媛,于润众著. --北京:中国纺织出版社有限公司,2021.8

ISBN 978-7-5180-8709-9

Ⅰ.①粮… Ⅱ.①张… ②于… Ⅲ.①粮食污染—化学污染物—污染物分析—分析方法 Ⅳ.①X56

中国版本图书馆 CIP 数据核字(2021)第 143016 号

责任编辑:闫 婷 责任校对:寇晨晨 责任印制:王艳丽

中国纺织出版社有限公司出版发行
地址:北京市朝阳区百子湾东里 A407 号楼 邮政编码:100124
销售电话:010— 67004422 传真:010— 87155801
http://www.c-textilep.com
中国纺织出版社天猫旗舰店
官方微博 http://weibo.com/2119887771
三河市宏盛印务有限公司印刷 各地新华书店经销
2021 年 8 月第 1 版第 1 次印刷
开本:710×1000 1/16 印张:13.5
字数:232 千字 定价:88.00 元

前　言

民为国基,谷为民命。粮食事关国运民生,粮食安全是国家安全的重要基础。自中国共产党第十八次全国代表大会以来,党中央把粮食安全问题作为治国理政的头等大事,提出了"确保谷物基本自给、口粮绝对安全"的新粮食安全观。粮食既是关系国计民生和国家经济安全的重要战略物资,也是人民群众最基本的生活资料,粮食安全与社会的和谐、政治的稳定、经济的持续发展息息相关。但是在粮食收购、储藏、运输、加工、消费过程中损耗严重,仅收储环节损失率就达到 8%。特别是农药、真菌毒素等化学污染物的残留、收储过程中的品质劣变和霉变等问题制约着粮食的安全与保障。为了提高粮食质量和保障粮食安全,必须充分发挥粮食中典型化学污染物前处理关键技术,不断丰富改进前处理分析方法,改进测试手段,逐步提高检测水平,为人们吃上安全放心的粮食提供保障。

本书研究内容是以中央支持地方高校改革发展资金人才培养项目"粮食污染物分析检测关键技术研究与应用"(2020YQ16)、国际合作重点研发项目"杂粮食品精细化加工关键技术合作研究及应用示范"(2018YFE0206300、2018YFE0206300-09)、黑龙江省政府博士后科研启动项目"粮食生产加工储运全产业链典型化学污染物分析检测关键技术研究"(LBH-Q20165)、北大荒集团(总局)重点科研项目(HKKY190407)、黑龙江八一农垦大学三横三纵项目(ZRCQC201906)为依托,总结了系列课题的研究成果,以多种粮食为研究对象,以三嗪类、磺酰脲类、酰胺类除草剂和霉菌毒素典型化学污染物作为目标物,对其分析方法展开研究,补充并完善粮食中典型化学污染物分析方法。本书总结了国内外近期的研究成果,对相关领域的科研、生产单位从业人员和企业具有重要的参考价值。

本书共分 12 章,由黑龙江八一农垦大学张丽媛和于润众合著而成,其中,第 5~12 章由张丽媛编写完成;第 1~4 章由于润众编写完成。在此特别感谢黑龙江八一农垦大学张东杰教授和王长远教授给予的支持,感谢代安娜、宋亭、张瑞婷、卢立峰、陈佳宇、伍奕和王金辰等研究生在书稿撰写过程中给予的大力帮助。

　　由于本书著者水平有限,在撰写过程中难免出现疏漏和不妥之处,敬请学术界同仁和广大读者在阅读本书过程中,能够提出宝贵意见。

著者

2021 年 3 月于大庆

目　录

第1章　玉米中霉菌毒素研究现状

1.1　概述

玉米(*Zea mays* L.)又名苞谷、苞米棒子、玉蜀黍、珍珠米等,原产于中美洲和南美洲,现广泛分布于美国、中国、巴西和其他国家。玉米被称为世界三大粮食作物之一,价格便宜且供应量充足,又可以为人体和动物提供营养物质,其主要种植地在我国东北、华北和西南地区,它可加工成玉米酒、玉米罐头及动物饲料,也是食品、医疗卫生、轻工业、化工业等行业不可或缺的原料。此外玉米具有如抗氧化、抗肿瘤、辅助降血糖、提高免疫力和抑菌杀菌等生物活性,其副产物如玉米皮、玉米秸秆及玉米须也可作为原料应用于食品加工中。而玉米在收获、储藏和加工过程中都易受到霉菌的污染。相对于其他粮食,玉米的胚部较大、营养成分丰富、原始水分高、成熟度不均匀,在储藏过程中更易发生霉变。玉米作为一种栽种广泛的粮饲作物,是我国农业体系的重要支柱。2019 年我国玉米产量为 2 6077 万吨,亩产 6 316 公斤/公顷。由于玉米在收获前后容易遭受病虫害的破坏和霉菌污染,以及加工储藏方式的影响,据统计,我国每年玉米损失率高达 8%,远高于发达国家(1%~2%)。

霉菌是形成分枝菌丝的真菌的总称,大多属于中温型微生物,最适宜生长温度一般为 20~30℃,繁殖产毒的最适温度为 25~30℃,湿度达到 75%时,霉菌孢子才能萌发,在相对湿度为 80%~100%时可快速生长。玉米储藏过程中的霉菌污染以青霉属、曲霉属、根霉属和镰刀霉属为主,且均可产生毒素(黄曲霉毒素、呕吐毒素和赭曲霉毒素等),其中优势菌属是青霉属和曲霉属。在含水率低于 15%时,玉米中污染真菌以青霉属和曲霉属为主,在含水率为 19.4%时,玉米受污染的优势真菌是灰绿曲霉和黄曲霉,并且受含水率和储藏温度的影响,玉米真菌的多样性与优势霉菌呈现负相关,在储藏玉米样品含水率低且储藏温度较低时,真菌的优势度小,多样性大;而在玉米样品含水率较高时,真菌的优势度大,多样性小。因此,研究玉米在储藏期间真菌菌群结构的变异规律和霉菌及霉菌毒素的污染情况,既为我国储粮霉菌污染及抑菌分析方法的研究提供理论支撑,也为后续开发粮食防霉剂奠定理论基础。

1

　　霉菌生长不仅会污染粮食，而且在生长繁殖过程中还会产生毒素。如果误食被毒素污染的食物，少量食用时会出现身体不适，大量食用可能会导致死亡。这些霉菌和毒素可以在粮食收获前后、储藏加工等环节对粮食造成污染。由产毒菌引起的粮食变质问题日益严重。根据调查，全世界每年约有1/4的粮食遭受霉菌毒素的侵染，而导致失去用途。产生霉菌毒素的主要霉菌有曲霉菌、镰刀菌和青霉菌，产生的主要霉菌毒素有黄曲霉毒素、赭曲霉毒素、脱氧雪腐镰刀菌烯醇和玉米赤霉烯酮等。一份2017年第一季度霉菌毒素对畜牧业生产的影响情况调查报告显示，在全球54个国家采集得到的3715份饲料原料中，脱氧雪腐镰刀菌烯醇的检出率高达80%。针对黄曲霉毒素、玉米赤霉烯酮、脱氧雪腐镰刀菌烯醇、烟曲霉毒素和赭曲霉毒素等几种常见的霉菌毒素进行研究分析发现，检出以上毒素的地区中，亚太地区占比高达37%，其次是欧洲地区占35%，美洲占27%；在检出以上毒素的饲料与原料方面，玉米占比高达33%，远超小麦、大麦和大豆的占比（均未超过10%）。

　　我国食品安全标准已就前三种毒素规定了玉米及其制品中的相关限量。但统计发现，多数地区田间采集玉米的伏马毒素检出率较高，且所有地区均存在样品中伏马毒素B1和伏马毒素B2超过1000 μg·kg^{-1}（欧盟在供人类直接食用的玉米及其制品中的最高限量标准）的情况。玉米中黄曲霉毒素、玉米赤霉烯酮、脱氧雪腐镰刀菌烯醇的污染也相较普遍，但只有小部分省市存在个别样品超标的情况（表1-1）。

表1-1　中国玉米真菌毒素污染情况

序号	种类	地区（样品量）	真菌毒素
1	田间玉米	全国六省	伏马毒素
2	田间玉米	全国八省（249）	伏马毒素
3	田间/储藏玉米	山东（520）	曲霉毒素 脱氧雪腐镰刀菌烯醇 玉米赤霉烯酮 伏马毒素
4	储藏玉米	西南三省（35） 华东二省（24） 华中二省（39） 华北四省（46） 西北三省（26） 东北三省（99）	黄曲霉毒素

序号	种类	地区（样品量）	真菌毒素
5	储藏玉米	河北（240）	黄曲霉毒素 脱氧雪腐镰刀菌烯醇 伏马毒素
6	市售玉米面	河南（87） 河南（72） 河南（136） 河南（64）	黄曲霉毒素 玉米赤霉烯酮 伏马毒素
7	市售玉米制品	山东（369）	伏马毒素
8	市售玉米及其制品	陕西（120）	黄曲霉毒素 脱氧雪腐镰刀菌烯醇 玉米赤霉烯酮 伏马毒素

数据显示,真菌毒素污染相对较重的样品主要为储藏玉米,伏马毒素高达9 638 μg·kg⁻¹,而采自超市的玉米及其制品的真菌毒素污染水平相对较低,鲜见超标现象。王燕等关于山东省玉米的研究同样表明,储藏期玉米样品中黄曲霉毒素、伏马毒素、脱氧雪腐镰刀菌烯醇以及玉米赤霉烯酮的检出率和含量均高于收获期样品。此外,上述研究中伏马毒素 B1 在山东省储藏期及采收期玉米中的平均含量显著高于 Li 等报道的同年山东省市售玉米制品中的含量。一方面,我国农户或饲料厂储存玉米的粮仓结构比较简单,通常难以控制温度和环境湿度,玉米中霉菌毒素的积累会随着储存时间而增加;另一方面,市售的玉米制品在经过一系列加工工艺后可脱除部分霉菌毒素。

截至目前,在玉米中已经鉴定出 21 种毒素,其中黄曲霉毒素的毒性最强,对人体健康构成严重威胁。研究表明:高剂量摄入黄曲霉毒素(Aflatoxin, AF),会出现突发性死亡现象;低剂量摄入 AF 时,会缓慢影响肝脏系统功能,导致肝癌等癌变发生,威胁人体健康。黄曲霉可以直接或间接影响人和动物的健康,并对社会经济的发展带来不利影响。经济作物如水稻、花生、玉米等在收获前、后都易受到黄曲霉的污染,使其经济效益下降,造成损失。同时黄曲霉作为病原性真菌,通过呼吸道、鼻腔、皮肤以及伤口等与外界环境接触部位侵染人和动物后,引起支气管炎、肺泡坏死、真菌瘤、外耳炎及术后感染等多种疾病。目前黄曲霉引起的肺部疾病报道较多,其他感染病例研究较少,已有研究显示,由黄曲霉所引起的真菌感染症状严重甚至导致死亡,应当引起重视。黄曲霉菌(*Aspergillus flavus*)、寄生曲霉菌(*Aspergillus parasiticus*)是产生 AF 的主要真菌。玉米、水稻等经济作物在收获前、收获中、干燥和储存的各个环节中都有可能受到黄曲霉毒素的污染,不良储存和运输条件会促进黄曲霉生长,增加产生黄曲霉毒素的风险,造成粮食品质下降。人或动物食用含有黄曲霉毒素的食品或饲料可引起肝中毒,肠胃、肾等脏器出血等现象,甚至诱发肝癌,导致死亡。世界范围内曾报道数起人类黄曲霉毒素急性中毒事件,因此多个国家和地区制定了各类食品中黄曲霉毒素限量标准。目前,已经分离鉴定出 18 种黄曲霉毒素及其衍生物,主要分成两类:B 族(Blue)和 G 族(Green)。G 族是 B 族黄曲霉毒素中环戊烯酮结构被环内酯结构替代而产生的。在 365 nm 紫外光下,B 族和 G 族发出不同的颜色。AF 主要有四种单体,分别是 AF(B1、B2、G1 和 G2),其毒性强弱依次为 AFB1>AFG1>AFB2>AFG2。其中,AFB1 已被国际癌症研究机构归类为人类的 I 类致癌物,人体低剂量摄入 AFB1(每天低至 170 ng/kg)会构成潜在的健康风险。AF 易溶于有机溶剂,如乙腈、甲醇。虽然在高温条件下 AF 分子结构不易破坏,但在碱性条件下,可以发生降解反应。

黄曲霉菌是产生 AFB_1 的主要菌株,当温度在 30℃附近时,其产毒能力最强。黄曲霉菌主要通过分生孢子进行无性繁殖,黄曲霉菌的生长速度快,分生孢子在营养充足的情况下进行萌发和生长。在孢子梗顶端,由多个小梗构成顶囊,其形状近似球形。黄曲霉菌繁殖速度快、孢子数量多,存活于许多有机营养源中,极易侵染油料作物。

玉米赤霉烯酮(Zearalenone,ZEN)是世界上污染范围最广的霉菌毒素之一,它是一种非甾体雌激素类真菌毒素,广泛存在于玉米、小米、大麦、小麦和高粱等谷物饲料及其副产品中,严重危害牲畜及人类健康。玉米赤霉烯酮是由镰刀菌产生的次级代谢产物,主要污染玉米及其制品,其毒性作用主要是影响动物的繁殖机能。猪是对玉米赤霉烯酮最敏感的动物,据研究,当玉米赤霉烯酮浓度超过 $1~5$ mg·kg^{-1} 就会引起初情期前的母猪出现假发情,严重时导致直肠、阴道、子宫脱出,相比较而言,反刍动物对玉米赤霉烯酮的敏感性较低,但高剂量的玉米赤霉烯酮(12 mg·kg^{-1})会导致动物的生殖障碍。玉米赤霉烯酮从禾谷镰刀感染的玉米中首次被分离出来。许多种类的镰刀菌都会产生 ZEN,如禾谷镰刀菌(*Fusarium graminearum*)、大刀镰刀菌(*Fusarium culmorum*)和禾谷镰孢菌(*Fusarium cerealis*)等。它们是温暖地区的常见土壤真菌,是世界范围内谷类作物的常规污染物。目前被发现的镰刀菌有 44 个种和 7 个变种,它们的分布范围极广,普遍存在于土壤及动植物有机体上,一些镰刀菌甚至可以存在于极端严寒和极端干燥的环境里。镰刀菌在生长发育代谢过程中会产生毒素危害作物,还能侵染多种植物,引起植物的根、茎、茎基、花和穗的腐烂,影响产量和品质,是生产上最难防治的重要病害之一。

ZEN 的产生与环境条件密切相关,水分和氧气是产生 ZEN 的关键因素。在谷物的生长、收获和仓储等多个环节中都可能被真菌污染产生 ZEN,在温度、水分条件都适宜的时候,这些真菌就能大量产生 ZEN。ZEN 的产生可以分为两种情况:一种是原料作物还在田间生长时就受到产毒真菌的感染而产毒;另一种是作物收获以后未能及时地进行干燥处理,或者存储方法不当,仓储期间有回潮或被淋湿等而导致水分含量过高的情况,或者收割过程产生了机械性损伤,进而霉变产毒。

脱氧雪腐镰刀菌烯醇(DON),又称呕吐毒素,是镰刀菌的一种次级代谢产物,主要由禾谷镰刀菌产生。分子式是 $C_{15}H_{20}O_6$,相对分子质量为 296.32。它由一个 12,13-环氧基、三个—OH 功能团和一个 α,β-不饱和酮基组成,其化学名称为 3,7,15-三羟基-12,13-环氧单端孢-9-烯-8-酮,属单端孢霉烯族化合物。纯的 DON 为无色针状,其熔点为 151~153℃,易溶于水和极性溶剂,如甲醇、乙醇、乙腈以及乙酸乙酯等有机溶剂,不溶于正己烷和乙醚。1988 年,Shepherd 和 Gilbert 研究证实性,DON 在有机溶剂乙酸乙酯和乙腈中最为稳定,适合长期储存。DON 的耐储藏力很强,据报道病麦经 4 年的贮藏,其中的 DON 仍能保留原有的毒性。DON 有很强的细胞毒性,还有一定的遗传毒性,但无致癌、致突变性。由于镰刀菌霉菌属于田间霉菌,其生长温度在 5~25℃之间,而我国所处的地理纬度范围导致大部分农作物成熟和收获时期大部分在这个温度范围内,因此,DON 易存于我国的谷物和以谷物为来源的产品中,其中小麦、大麦、玉米中含量较高,受其污染然后被人和牲畜摄入后,会导致厌食、呕吐、营养不良、腹泻、反应迟钝等相应的中毒症状,严重时会损害造血系统,甚至造成死亡。季海霞等对 2015 年江苏、安徽、浙江等地的 296 份玉米样品中 DON 的污染情况做了抽样调查,在所检测的玉米样品中,DON 检出率为 99.32%,最大值为 4 493.83 $\mu g \cdot kg^{-1}$,超标情况较严重。国外由于每年受 DON 污染也比较普遍,因此各个国家对 DON 的标准都进行了一定限制。在 2011 年,我国也在 GB 2761—2011 中明确规定谷物及其制品中 DON 含量不能超过 1 000 $\mu g \cdot kg^{-1}$。

赭曲霉毒素(Ochratoxins)是一类主要由曲霉菌属(Aspergillus)和青霉菌属(Penicillium)产生的次级代谢产物。其中的曲霉菌属主要包括赭曲霉菌株(A.

ochraceus)、碳曲霉(*A. carbonarius*)和黑曲霉菌株(*A. niger*),青霉菌属则主要是疣孢青霉菌株(*P. verrucosum*)。赭曲霉毒素主要的形式有赭曲霉毒素 A(OTA)、赭曲霉毒素 B(OTB)和赭曲霉毒素 C(OTC)。1965 年,VanderMerwe 等第一次在《自然》(*Nature*)上描述了在曲霉菌属中分离的新型有毒代谢产物——赭曲霉毒素 A。并于同年完成了对 OTA、OTB、OTC 的结构分析,它们之间的结构差异不显著相对,OTA 是 OTB 的氯化物,而 OTA 乙酯化得到 OTC。OTB 和 OTC 通常被认为不那么重要,而 OTA 因为其分布广、毒性大,是赭曲霉毒素中最为普遍和重要的形式。

OTA 是赭曲霉毒素家族的一种,相较于赭曲霉毒素 B、赭曲霉毒素 C,OTA 毒性最强,对农作物和人畜危害也最严重。其化学结构由 β-苯丙氨酸通过酰胺键与异香豆素相连形成,分子式为 $C_{20}H_{18}C_1NO_6$,相对分子质量为 403.82,微溶于水,易溶于甲醇等有机溶剂,紫外灯照射下呈明亮绿色荧光,具有很高的耐热性,121℃高压 3 h 仍不易分解,250℃下也无法将其降解完全。OTA 的毒性机制主要为:影响蛋白质的合成、造成氧化应激损伤、破坏钙离子的动态平衡、抑制线粒体的呼吸作用、破坏 DNA 结构。从病理学角度,OTA 的毒性可归纳为肾脏毒性、肝脏毒性、神经毒性和免疫毒性。其中肾脏毒性表现为动物肾小球萎缩变形和肾小管坏死,表观症状为尿频、尿糖、蛋白尿和尿量减少等;肝脏毒性表现为家禽家畜等的肝细胞核膜增厚、线粒体溶胀、内质网和微绒毛减少,细胞间隙变窄和肝窦空间减小等,表观症状为肝功损伤、食欲不振等;神经毒性表现为大鼠在妊娠期中枢神经系统畸形,抑制 DNA 的氧化修复功能,表观症状为动物视力损伤,也可能导致大脑病变;免疫毒性表现为其免疫抑制剂作用导致淋巴细胞增殖受阻和干扰素的生成,干扰白细胞介素 2 及其受体的产生,表观症状为畜禽及动物淋巴组织坏死,免疫力下降等。鉴于 OTA 在全球范围造成的污染和危害,世界各国都对其在粮食及其制品中的含量进行了限制。37 个对谷物及其制品中 OTA 进行限量的国家中,包括我国在内的 29 个国家均制订了 5g/kg 的限量标准。目前对玉米中 OTA 的降解研究还未见报道,原因可能是玉米中 OTA 的毒素影响较 AFB1、ZEN 和 DON 这三种毒素差距明显,对 AFB1、ZEN 和 DON 的降解处理更加是当前亟待解决的难题,并且相比小麦等农作物,玉米中 OTA 的毒素的含量要低很多,对小麦等作物中 OTA 的降解研究已经有所成效,其中李克通过电子束辐照的方法对 ZEN 和 OTA 混合加标的小麦粉进行处理,发现 OTA 降解率是高于对照组的。

1.2　标准

我国是粮食产业大国,粮食安全是最值得重视的问题。粮食储存过程中会发生很多问题,比如虫害、陈化、发热导致霉变等现象,最严重的就是被霉菌侵染,对人体健康造成损害。从数量上看,粮食微生物中细菌数量最多,霉菌次之,放线菌和酵母菌最少,但是霉菌对粮食的危害最为严重,细菌、放线菌和酵母菌影响有限。影响粮食储藏安全的主要因素是霉菌腐败,霉菌的种类和数量基本上可以反映粮食的安全状况,美国农业部规定粮食中霉菌菌落总数限量级别为 10^5 cfu/g,当霉菌总数大于此级别时,则不能使用;日本规定霉菌总数应小于或等于 10^4 cfu/g,与 FAO 的标准一致。当玉米处于适合霉菌生长的环境温度及湿度时,就开始霉变。生长初期在霉菌不易观察到,但当发现可见的霉菌菌落时,玉米的商用或种用价值已被严重影响。而且这些霉菌产生的毒素如黄曲霉毒素(AFB₁)、呕吐毒素(DON)等对人体都有一定的危害。且玉米收获时受天气影响较大,原始水分含量普遍较高,储藏时易受外界环境影响,一旦有较大温差出现,粮食水分转移进而出现"出汗"现象,结露现象发生,使粮堆局部水分偏高,霉菌大量滋生繁殖,进而引起粮食发热霉变。将玉米储藏在粮仓或是集装箱中长途运输时,一旦外界因素变化或者粮堆内部温差产生湿热转移等,均可能出现局部粮食的水分活度增高现象,导致灰绿曲霉(Aspergillusgloucus)、白曲霉(A. candidus)等霉菌生长,有可能使储粮在短期内发生霉腐变质现象。在储藏期,低水分含量时,品质变化不明显,随着温度、水分升高,品质也发生明显变化。当水分含量升高至 17% 左右时,霉变程度进一步加深,玉米中的串珠镰刀菌、灰绿曲霉等霉菌逐渐被青霉、黑曲霉和白曲霉等霉菌所替代。粮食在储运过程中由于霉菌及其他微生物的作用,对其脂肪酸值也有一定的影响,而测定脂肪酸值已经成为检测粮食食品品质好坏的重要手段之一。一般刚收获的玉米脂肪酸值在 15~20 mg KOH/100 g 干样之间。《玉米储存品质判定规则》将玉米脂肪酸值大于 50 mg KOH/100 g 的玉米判定为不宜储存,将大于 78 mgKOH/100 g 的玉米判定为陈化。

曲霉属中较为常见的黑曲霉分布于全球各地的粮食、植物及土壤中,分布极度广泛,这种霉菌的生长及其快速,且极易通过空气进行扩散污染环境,粮食如果含有较高水分则易发生霉变。曾有研究部门和卫生防疫站对肝癌进行研究发现,肝癌的高发病率与曲霉菌,例如黑曲霉的产毒,有密不可分的关系。黑曲霉最适生长温度是28℃,最低生长相对湿度88%,因此在玉米水分含量较高或环境湿度较大的情况下易感染黑曲霉,如徐艳阳和李听听等就在玉米中分离鉴定到黑曲霉。杂色曲霉也是自然界中常见的一种霉菌,并且导致致癌色素——杂色曲霉素(ST)的生成。黄曲霉和寄生曲霉产生的黄曲霉毒素是霉菌毒素中毒性最高的一种。尤其是黄曲霉毒素 B1(AFB1)是引起肝细胞癌的主要因素之一(IARC,1993),花生和玉米制成的食用油中经常发现黄曲霉毒素 B1(AFB1)。如今,已有 100 多个国家和地区对各种食品中 AFB1 的限量设定为 1~20 μg·kg⁻¹。因此,迫切需要对 AFB1 进行有效排毒,以防止消费者接触 AFB1,并减少由 AFB1 污染引起的谷物和石油资源浪费。杂色曲霉素(ST)在大米、玉米、小麦三种主粮中的污染比较普遍,广泛存在于各类粮食、食品和饲料中,国内对于杂色曲霉色素的报道多与癌症相关。肝癌发病率较高的地区普遍是以玉米为主粮的高温和高湿地区,是适宜霉菌生长的环境,玉米花生等作物非常容易受到霉菌侵染从而产生真菌毒素。大米和稻谷在贮藏的过程中有黄曲霉生成最为常见,同时还有灰绿曲霉等其他霉菌产生。

大部分青霉菌会产生毒素,常见于变质的果蔬、肉食,以及衣服上,在粮食中也会存在,大多数为灰绿色。它有很多种类,如能够产生青霉素的产黄青霉。黄绿青霉和桔青霉等霉菌也会在大米和稻谷的贮藏过程中产生。孙华等从仓储玉米粒中分离得到草酸青霉(Penicillium oxalicum)(14.81%),可能是因为玉米在灌浆成熟阶段遇到连续阴雨天增加了感染穗腐病的概率,另外玉米在贮存过程中,当贮存温度高于 10℃或籽粒含水量大于 14%时,也可加重籽粒霉烂。

玉米镰刀曲霉属污染以脱氧雪腐镰刀菌、玉米赤霉、串珠镰刀菌等镰刀菌为主,这些霉菌也会产生毒素,危害人类及动物健康。当玉米在田间感染穗腐病、虫害伤口侵染镰刀菌及贮存时因环境湿度大、温度高、通风不良等情况时都会感染脱氧雪腐镰刀菌烯醇(DON)。另外,南方地区农作物生长期较北方短,感染DON 的概率也相对较低,所以我国北方地区(西北、华北)的玉米原料和玉米饲料产品中 DON 的含量较南方地区(华东、华南和西南等)要高,表明 DON 的分布存在着区域性差异。此外,国际食品法典委员会(CAC)、欧盟标准委员会(CEN)和我国国家标准均对玉米原粮中的 DON 制定了限量标准,但 CAC(2 000 μg·kg⁻¹)和欧盟(1 250 μg·kg⁻¹)的限量值均要高于我国 GB 2761—2017《食品安全国家标准食品中真菌毒素限量》的限量值(1 000 μg·kg⁻¹),其中 CAC 的限量值比我国高 1 倍。对以玉米为原料制成的粗粉,CAC 的限量值与我国相同,均为 1 000 μg·kg⁻¹;欧盟的限量值为 750 μg·kg⁻¹。而我国玉米中玉米赤霉烯酮(ZEN)的污染整体上是东北地区较轻,南方地区较重,分布存在着一定的地域性差异,河北、四川的产生菌检出率较低,而山西、山东、河南、贵州、云南的检出率和超限率均较高,并有污染范围逐渐扩大的趋势。CAC 和美国食品药品监督管理局(FDA)未制定谷物中 ZEN 的限量标准,欧盟和我国的差异主要表现在:①欧盟规定玉米(不包括用于湿磨法处理的未加工玉米)中 ZEN 的限量不超过 100 μg·kg⁻¹,我国 GB 2761—2017 中规定玉米原料中 ZEN 的限量为 60 μg·kg⁻¹;②根据用途不同,欧盟对玉米进行了更加详细的区分,如饲料用和工业用玉米,限量值为 350 μg·kg⁻¹,供人直接食用的玉米和玉米粉为 100 μg·kg⁻¹,均要比我国宽松。我国没有区分原粮和成品粮中 ZEN 的限量差异;玉米收购没有区分用途,统一按照 60 μg·kg⁻¹ 的限量收购。

伏马毒素(Fumonisin FB)由镰孢菌族霉菌产生,包括串珠镰孢菌(*Fusarium moniliforme*)和层出镰孢菌(*Fusarium proliferatum*),串珠镰孢菌和层出镰孢菌均可引起玉米穗腐病。第二代欧洲玉米螟幼虫是串珠镰孢菌的载体,伏马毒素的产生与欧洲玉米螟损害有关。我国玉米主产区伏马毒素污染主要以河南省、四川省和云南省污染较重。我国目前没有伏马毒素限量要求,CAC、欧盟和美国对玉米及制品制定了详细的限量规定。CAC 规定玉米 FBS(FB1+FB2)限量为 4 000 μg·kg⁻¹、玉米粉和玉米渣 FBS(FB1+FB2)限量为 2 000 μg·kg⁻¹;欧盟规定未加工的玉米,不包括用于湿磨法处理的未加工玉米 FBS(FB1+FB2)限量为 4 000 μg·kg⁻¹、供人直接食用的玉米和玉米制品 FBS(FB1+FB2)限量为 1 000 μg·kg⁻¹、粒径>500 μm 的玉米粉及玉米研磨制品 FBS(FB1+FB2)限量为 1 400 μg·kg⁻¹、粒径≤500 μm 的玉米粉及玉米研磨制品 FBS(FB1+FB2)限量为 2 000 μg·kg⁻¹。美国 FDA 规定脱胚的干磨玉米制品 FB1、FB2、FB3 总量为 2 000 μg·kg⁻¹,用于生产粗玉米粉的净玉米 FB1、FB2、FB3 总量为 4 000 μg·kg⁻¹。任贝贝利用液相色谱—串联质谱法检测玉米及其制品,结果发现伏马毒素玉米、玉米面制品检出 66 份,检出范围为 ND~3 889.9 μg·kg⁻¹;玉米赤霉烯酮小麦检出 2 份,玉米、玉米面制品检出 69 份,检出范围为 ND~323.2 μg·kg⁻¹;脱氧雪腐镰刀菌烯醇小麦检出 122 份,玉米、玉米面制品检出 68 份,检出范围为 ND~4 183.4 μg·kg⁻¹;3-乙酰基-脱氧雪腐镰刀菌烯醇小麦检出 5 份,玉米、玉米面制品检出 18 份;15-乙酰基-脱氧雪腐镰刀菌烯醇小麦检出 12 份,玉米、玉米面制品检出 38 份;其他毒素均为未检出。鲜(冻)玉米/玉米粒中 16 种真菌毒素均未检出。

1.3 防霉措施

玉米在储藏过程中所污染的微生物多样性特征与其含水率,储藏环境的温度、湿度密切相关。因此在储运过程中除物理方法如控制温度、湿度和水分含量外,添加防霉剂对防止霉变具有重要意义。玉米是最容易生长霉菌和产生霉菌毒素的食品原料和重要的饲料原料之一,给畜禽饲喂产霉菌和霉菌毒素污染的饲料,畜禽产品也会被污染,人类食品安全将受到威胁。影响玉米霉变的因素主要有温度、湿度和贮存时间,根据要求,玉米应存放在30℃以下、阴凉、干燥、通风处,水分含量应在14%及以下。玉米在存放时,要求为低湿的条件,根据资料得知在湿度为65%时玉米中大部分霉菌开始生长,但生长很慢,湿度为67%~75%时饲料较易发霉,而湿度大于75%时玉米迅速发霉。

玉米常用的化学防霉措施包括使用臭氧、磷化铝熏蒸、有机酸(丙酸、苯甲酸和柠檬酸等)及丁酸类物质,却存在有化学毒性残留;对环境造成二次污染;易使粮食中真菌产生抗性等缺点。

目前有很多关于天然防霉剂的报道,包括植物源和动物源天然防霉剂,如植物精油、壳聚糖、纳他霉素和植物多酚等。可以利用这些对环境无污染,不会引起霉菌抗性的天然防霉剂进行玉米及储粮防霉。

植物精油(EOs)是从植物花、叶、果实等部位中采用蒸馏等方式提取的一类具有较强挥发性的植物次生代谢产物。依据 FDA（American Food and Drug Administration）,EOs 可作为安全、潜在的合成添加剂替代品。其成分一般由醇类、酸类、酚类等物质组成,其作用机理复杂,且较难使病原菌产生抗性,可作为一种对人体无害的天然提取物防腐剂。目前发现有 1 340 多种精油具有很好的抑菌活性,其中开发利用的有 300 余种。Prakash B 等发现葛缕子等六种植物精油对黄曲霉有抑制作用,可显著减少黄曲霉毒素的产生。尚继峰等发现丁香精油对黄曲霉、灰绿曲霉和青霉有很好的抑制作用。付敏东等发现八角茴香精油对霉菌属于中度敏感,对真菌有一定抗菌作用。刘明学等发现薄荷精油对黑曲霉等也有很好的抗菌作用。龙娅等发现植物精油在鲜切果蔬方面的应用前景,帅婧雯等进行了植物精油对鲜切马铃薯抑菌保鲜的研究,Prieto M C 等研究了万寿菊精油和百里香精油对抑制马铃薯赤霉病的作用,Ghabraie M 等测定了 32 种植物精油对 4 种致病菌(大肠杆菌、单核增生李斯特菌、金黄色葡萄球菌、鼠伤寒沙门氏菌)和 1 种腐败菌(铜绿假单胞菌)的抗菌活性。袁康等发现肉桂精油直接和霉菌接触时能够有效抑制霉菌的生长,并破坏霉菌孢子的细胞结构,明显减少霉菌毒素的产生。也有研究表明,姜黄精油可以破坏黄曲霉细胞内膜系统,从而有效抑制其在玉米中的生长及毒素的产生。综上所述,目前大多是进行了单种植物精油对抑制果蔬霉菌和致病菌,在玉米及稻谷中某些霉菌生长方面的研究中,很少利用复合植物精油来防控玉米及储粮发生霉变。复合植物精油是一种高效、优质的防霉剂,有研究将肉桂、花椒、八角茴香精油复配发现能有效抑制从红提葡萄中分离出的青霉菌、黑根霉及黑曲霉菌的生长。此外,将肉桂醛、柠檬醛、丁香酚和薄荷醇复合应用在玉米储藏上,可有效抑制黄曲霉生长,同时该精油复合物对霉菌抑制率(89%)大于丙酸处理组(71.7%)。而陈光勇等将肉桂醛和百里香酚复合后对大肠杆菌和金黄色葡萄球菌的抑菌效果优于山梨酸、苯甲酸、柠檬酸、丁酸钠和丁酸甘油酯。此外,与有机酸和丁酸类物质相比,植物精油主要从天然植物的活性部位提取,来源天然,具有无毒、较强的抑菌性和环境友好的优点,在抑制霉菌生长及毒素产生方面效果理想,是潜在用于玉米防霉,达到防止其霉变的有效物质。

壳聚糖(Chitosan,CS)又称可溶性甲壳质、几丁聚糖、甲壳胺等,广泛存在于虾蟹、昆虫外壳或菌类、藻类植物的细胞壁中,是自然界中唯一大量存在的碱性天然多糖,具有保湿性、成膜性、抗菌性、生物相容性好和可生物降解等诸多优点,生产成本较低,已成为贮藏保鲜研究的热点。壳聚糖是壳多糖(chitin)脱乙酰基的产物,含 β-(1,4)-2-乙酰胺基-D-葡糖单元和 β-(1,4)-2-氨基-D-葡糖单元的共聚物,后者一般超过65%。根据不同的制备方法,可以获得不同脱乙酰程度和平均分子量的壳聚糖。壳聚糖纳米化后具有更小的粒径和更高的表面能。在显微镜下观察,壳聚糖纳米粒通常具有球形的微观结构,这使得壳聚糖纳米粒表面带有更强的正电,与细菌表面的电荷相互作用也更强;同时更大的表面积也使壳聚糖被紧紧地吸收到细菌表面,破坏细胞膜结构完整性,导致细胞内渗漏,随后细胞死亡。壳聚糖因其独特的物理、化学及生物学特性,已经成为制备药物载体的理想材料。另外,由于壳聚糖纳米粒的无毒、生物降解性和生物相容性好等优点,其在靶向给药系统中作为一种理想载体,被广泛应用到医药学当中。Nguyen 等用离子交联法制备了壳聚糖和阿莫西林的复合纳米剂,并比较了阿莫西林、空白纳米粒及纳米制剂的抑菌活性大小。结果显示,在减小了阿莫西林三倍剂量的条件下,纳米制剂仍然能够有效抑制肺炎链球菌。Zhou 等制备的叶酸—聚(乙二醇)官能化壳聚糖包被的 Fe_3O_4 纳米粒子,具有显著的靶向能力和更长的血液循环周期,对于靶向药物递送和高热治疗具有很大的应用前景。

壳聚糖纳米粒现在已经成为一种极具应用前景的药物控释载体。制备壳聚糖纳米粒的主要方法包括共价交联、离子交联、沉淀析出、自组装构建和大分子复合等。

大分子复合法是依靠壳聚糖与另一种电荷相反的大分子药物的相互作用，使壳聚糖溶解度下降而凝聚，在一定条件下形成纳米颗粒。近年来有研究者成功将壳聚糖同大分子 DNA 进行复合形成纳米微粒，并以此作为基因或者蛋白药物的载体。

共价交联法是利用戊二醛、甘油醛、环氧氯丙烷等化学交联剂与壳聚糖分子链上的氨基、羟基反应，制备球形微粒。然而共价交联法采用的交联剂往往毒性较大，会对细胞及大分子药物的活性产生不利影响，因此，这种制备方式在生产应用上有一定的局限性。

离子交联法是利用三聚磷酸钠对壳聚糖进行离子诱导凝胶化形成纳米粒。该方法操作简单，不需使用有机溶剂，避免了交联剂可能造成的毒副作用，是目前壳聚糖载体研究中最常使用的方法。但是，离子交联法制备的粒子不稳定，容易受到环境变化而发生变形或分解。其所载药物的释放速率和缓释效果受壳聚糖分子量、脱乙酰度、浓度等多个条件的影响。

沉淀析出法是借助乳化剂或硫酸钠、硫酸铵、氯化钠等沉淀剂使壳聚糖分子从溶液中沉降析出。由于沉淀析出法制备纳米粒的过程中需要添加较多的有机试剂等，且壳聚糖微粒大小不易调控，因此，该方法也受到一定程度的限制。

自组装构建法是通过分子修饰构建改性壳聚糖载体，通常引入疏水基团使其成为两亲性物质，在溶液中自发形成纳米结构。通过接枝不同的基团，科研人员已成功搭载牛血清蛋白、胰岛素、紫杉醇等多种医用药物。由于这种方法有许多优点，有关改性壳聚糖纳米粒载体的研究越来越受人们的重视。目前，搭载其他药物成分的壳聚糖纳米粒作为抑菌剂和抗氧化剂，被广泛应用于食品行业。陈文彬等制备了搭载脂溶性维生素 α-生育酚的壳聚糖纳米粒，有效延长了药物的抗氧化作用。刘占东等将肉桂精油壳聚糖纳米粒应用于猪肉的冷藏保鲜当中效果显著。

植物多酚为植物源生物保鲜剂之一，主要存在于植物的叶、根、果、皮中，是植物的次生代谢产物，也是植物界中分布最广的天然化合物之一，不同植物其成分可能存在差异。植物多酚因其有抗氧化性与抑菌活性等功效，故在水产品保鲜中可作为天然抗氧化剂与防腐剂。目前，研究学者对植物多酚抑菌活性研究大多集中于食源性病原体，而少有植物多酚对水产品保鲜作用等方面的研究。

已有研究表明,植物多酚能抑制希瓦氏菌与假单胞菌等优势腐败菌的生长,延长水产品的货架期。其中,申凯等实验得出,菱茎多酚能明显抑制金黄色葡萄球菌、大肠杆菌与腐败希瓦氏菌生长;JIA 等分析显示,茶多酚在初期可抑制银鲤中气单胞菌生长,在后期可抑制气单胞菌与不动杆菌生长。有研究发现,茶多酚对植物病原真菌的生长具有较好的抑制效果,植物多酚—壳聚糖抑菌保鲜膜作为一种包装材料,常用的物理性能指标有:抗拉强度、断裂伸长率、透明度、水蒸气透过率等。王慧敏等的研究发现,茶多酚可以影响微生物进行能量代谢时的相关酶的活性,从而使微生物失去活性,造成抑菌效果,同时对细菌的遗传物质也有一定的影响。董璐等的研究发现,茶多酚可以作用于大肠杆菌的 DNA,造成损伤从而实现抑菌效果。徐云凤的研究发现,安石榴苷能够干扰生物膜相关基因的表达,使形成生物膜的相关蛋白表达受到影响,从而减少生物膜的形成,导致细菌失活。然而刘伟等的研究发现,姜酚并没对受试的细菌的 DNA 产生影响,这可能是由于多酚的来源与种类和受试菌种不同导致的。Riaz 等发现加入苹果皮多酚的壳聚糖薄膜的拉伸强度和弹性模量与壳聚糖膜相比显著降低。Koosha 等的研究发现,添加了黑胡萝卜花青素和膨润土的壳聚糖-PVA 复合膜的抑菌率有着显著提高,而只含膨润土的复合膜对属于革兰氏阳性菌的金黄色葡萄球菌并无明显的抑制效果,添加黑胡萝卜花青素后显著提高了对金黄色葡萄球菌的抑菌效果。Li 等通过漆酶催化将壳聚糖与没食子酸连接在一起,试验分析发现与壳聚糖相比,壳聚糖—没食子酸复合物对大肠杆菌与金黄色葡萄球菌具有更强的抑制率,并且金黄色葡萄球菌对复合物具有更强的敏感性。Balti 等的实验发现,单螃蟹壳聚糖薄膜对 7 种被测细菌均无抑菌效果,但是当添加螺旋藻多酚后,对于所有测试的细菌均具有明显的抗菌活性,这可能是由于在琼脂扩散测试方法中,壳聚糖不会通过邻近的琼脂培养基扩散,因此只有与壳聚糖活性位点直接接触的生物才被抑制。

纳他霉素(natamycin)是一种多烯类抗生素,由放线菌中纳塔尔链霉菌、恰塔努加链霉菌和褐黄孢链霉菌等经生物发酵后分离出的一类微生物型食品防腐剂。具有理化性质稳定,不致癌、不致突、不易被人吸收的特性,安全性高,可以有效地抑制霉菌、酵母菌,某些原生动物以及某些藻类的生长,通常以烯醇式结构存在。它的作用机理是与真菌的麦角甾醇以及其他甾醇基团结合,阻遏麦角甾醇生物合成,从而使细胞膜畸变,最终导致渗漏,引起细胞死亡。在焙烤食品中,用纳他霉素对面团进行表面处理,有明显的延长保质期作用。难溶于水和油脂,摄入人体中的纳他霉素大部分会随着粪便排出,不会在人体内富集,可延缓鲜果的衰老进程,在苹果、樱桃和李子等水果上得到应用。也可有效延长干豆腐的保质期。但纳他霉素对细菌没有抑制作用,因此它不影响酸奶、奶酪、生火腿、干香肠的自然成熟过程。纳他霉素依靠其内酯环结构与真菌细胞膜上的甾醇化合物作用,形成抗生素—甾醇化合物,从而破坏真菌的细胞质膜的结构。大环内酯的亲水部分(多醇部分)在膜上形成水孔,损伤细胞膜通透性,进而引起菌内氨基酸、电解质等物质渗出,导致菌体死亡。当某些微生物细胞膜上不存在甾醇化合物时,纳他霉素就对其无作用,因此纳他霉素只对真菌产生抑制,对细菌和病毒不产生抗菌活性。它可作为食品添加剂用于乳酪、广式月饼、肉制品及面包糕点的表面抑菌。1982年美国批准纳他霉素可以用于食品加工生产,1996年我国卫生部门也批准纳他霉素作为食品防腐剂进入食品工业中,全世界已经有30多个国家在食品生产中广泛应用纳他霉素。美国农业部将其列为一般公认安全(编号:GRAS 21CFR 172.155,FDA-ASP/1577,007681-93-8),欧盟也将其列入天然防腐剂行列(编号:EEC No.235)。我国国标GB 2760规定了纳他霉素的适用范围和用量:乳酪、肉制品、肉汤、西式火腿、广式月饼、糕点表面等,用200~300 mg·kg^{-1}悬浮液喷雾或浸泡。残留量应小于10 mg·kg^{-1}。被用于治疗真菌感染,包括假丝酵母、曲霉菌、镰刀霉等,也被用作眼药水或者口腔药剂中,在这些应用中,人体对纳他霉素的吸收较少。口服时,基本无法从被胃肠道吸收,因此它不适合作为系统传染的药物。纳他霉素在眼药水中也有应用,其5%的纳他霉素含量适用于治疗微生物引起的真菌性睑炎、结膜炎和角膜炎,包括腐皮镰刀菌角膜炎。赵枭健考察了反溶剂法制备纳他霉素—玉米醇溶蛋白纳米颗粒(Natamycin-Zein-Nano Particles,NZ-NPs)的工艺条件,研究了纳他霉素与玉米醇溶蛋白之间相互作用的方式;同时进一步以羧甲基壳聚糖(CarboxymethylChitosan,CMC)作为纳米颗粒的稳定剂,制备了复溶效果良好的纳他霉素—玉米醇溶蛋白—羧甲基壳聚糖纳米复合分散剂(Natamycin-Zein-CMC Nano Particles,NZC-NPs),考察了胶体体系的制备条件和稳定性,最后研究了该新型复合分散剂在光照条件下对蓝莓的保鲜效果。并通过抑菌圈实验证明NZ-NPs对纳他霉素的增溶作用,同时考察了NZ-NPs对纳他霉素的光稳定性。张小华等测定7种防腐剂对5种霉菌抑菌率和最低抑菌浓度,来研究新型食品防腐剂对面制品腐败菌的抑菌效果。结果表明,7种防腐剂对5种霉菌都有一定的抑菌效果,抑菌效果强弱顺序为:纳他霉素>乳酸链球菌素>聚赖氨酸>对羟基苯甲酸丙酯>丙酸钙>乳酸钠>富马酸,并且同一种防腐剂不仅对不同种的霉菌抑菌效果不同,即使对同种不同株的霉菌的抑菌效果也有很大差异。

上述的天然防霉剂不仅可以通过浸渍、涂布、喷雾法成膜(将待保鲜的食品浸入配制好的保鲜膜液内,或者将保鲜膜液以涂布或者喷雾的方式在食品表面留下一层保鲜膜液,经过风干或者自然晾干的方式在食品表面留下一层保鲜膜,来达到食品保鲜的目的),还可以通过流延法成膜(将经过处理配置得到保鲜膜液倾倒于特定的器皿内,使用鼓风干燥或者自然挥发把溶剂挥发之后,将薄膜从器皿上剥离形成预成型的食品独立包装,再对食品进行包装保鲜),并且可以制作成微胶囊或纳米粒添加到食品中。

1.4　检测方法

霉菌的检测主要有传统培养法、生化检测法、代谢学检测法、流式细胞技术法、实时光电微生物检测法及分子生物学检测法,此外,高效液相色谱串联质谱、PCR 检测技术、近红外光谱法、电子鼻检测等也可用于霉菌检测。目前,有关检测标准和文献报道方法多为单一或单类霉菌毒素检测,包括而基于多重机制杂质吸附净化柱制定出农业行业标准《饲料中 37 种霉菌毒素的测定液相色谱串联质谱法》,是目前世界上饲料中霉菌毒素“一次提取、一次净化、一次上机”同步测定数量最多的标准方法。霉菌的种类非常丰富,但并不是所有的霉菌都能产生毒素,有的外观下并未明显霉变的霉菌也有可能产生毒素。因此单靠肉眼和实验室检测手段来评估毒素污染情况是不准确的,需要完整准确的毒素检测方法。检测方法根据检测原理的不同可以分为免疫法和色谱法两种。免疫法包括胶体金试纸条法、酶联免疫吸附法(enzyme linked immunosorbent assay,ELISA)。免疫法的特异性高、灵敏度高且操作简便,不需要仪器设备辅助。色谱法主要有薄层色谱法(thin layer chromatography,TLC)、气相色谱法(gas chromatography,GC)、高效液相色谱法(high performance liquid chromatograp,HPLC)、液相色谱法—串联质谱法(liquid chromatography tandem mass spectrometry,LC-MS/MS)。脱毒方法主要有物理脱毒、化学脱毒和生物脱毒三种方式。物理脱毒主要是指吸附以及分离,化学脱毒是利用化学物质作用改变霉菌毒素结构,生物脱毒主要是指微生物的酶吸附以及生物降解。针对霉菌毒素脱毒,目前广为应用的方法是霉菌毒素吸附剂。在实际应用方面,目前为了防止饲料中霉菌毒素对畜禽造成危害,主要通过向饲料中添加霉菌毒素脱毒剂来达到清除霉菌毒素的目的。对于质量较优的饲料可以降低添加量,主要起到预防和保健的作用,对于霉变的饲料可以根据饲料霉变程度酌情增加添加量。科研人员也在努力寻找更有效的吸附剂,在近几年利用微生物发酵获得的吸附产品开始逐渐替代传统的吸附材料。生物脱毒也成为未来最有潜力的霉菌毒素脱毒研究的方向。物理脱毒法主要包括高温灭活、吸附法、水洗法、剔除法、辐射法。吸附法是应用最为广泛的方法之一,相关吸附剂按性质分为无机吸附剂和有机吸附剂。无机吸附剂有活性炭、膨润土、凹凸棒石以及蒙脱石等。蒙脱石是一种硅铝酸盐吸附剂,是应用最为广泛的一种吸附剂,美国食品药品监督管理局(Food and Drug Administration,FDA)批准的最强的霉菌毒素吸附剂就是一种硅铝酸盐衍生物。有机吸附剂主要是近几年发现的酵母菌细胞中的功能性碳水化合物。其中葡甘露聚糖是一种很有效的吸附性杂多糖,是由 β-D 葡萄糖和 β-D 甘露糖以 β-1,4 糖苷键结合而成。吸附剂的吸附效果主要与吸附剂种类、吸附材料微观孔径、电荷分布、电荷总量、接触面积以及毒素的物化性质有关。

化学法脱毒是通过一些化学反应如碱化、水解、氧化、还原等通过破坏霉菌毒素的化学结构来达到脱毒效果的脱毒方法。在现有的脱毒方法选择上,化学法并不是最好的选择,主要原因是由于化学试剂的加入会使粮食或饲料中的某些营养物质受到一定的破坏。已有研究中具有良好的脱毒效果的有机化学试剂种类很多,如腐殖酸钠、臭氧和氨水等。腐殖酸钠是一种有机弱酸盐,从风化煤、褐煤、泥炭当中提取,由于含有羟基、酚羟基和羧基等较多活性基团。因此有较强的吸附、交换、络合、螯合能力。由于臭氧具有绿色、环保、安全的优点,其在脱毒中受到广泛的青睐。臭氧具有强氧化性,可以较好地氧化霉菌毒素,并产生无毒性的氧化产物,但可能会使粮食或饲料的品质受到影响。铵盐或氨气也可使黄曲霉毒素的化学结构发生改变,从而有效降解饲料中的黄曲霉毒素。微生物吸附作用是指微生物本身(利用细胞壁的某种成分或结构)吸附霉菌毒素,主要是通过形成菌体—毒素复合体来发挥作用。细菌中的乳酸菌、真菌中的酵母菌等益生菌都有这方面的研究应用,包括细菌吸附(乳酸菌,乳酸杆菌)、真菌吸附(甘露聚糖、葡聚糖、壳聚糖)、微生物降解等。微生物降解包括酶制剂降解(分枝杆菌、橙色黄杆菌、芽孢杆菌以及红珠串红球菌等)、生物发酵液降解(细菌发酵液,真菌发酵液)。真菌发酵液可包括嗜麦芽窄食单胞菌、枯草芽孢杆菌、衣芽孢杆菌、恶臭假单胞菌等细菌和假蜜环菌、黑曲霉。

参考文献

[1]JiangZW. Predictive model of aflatoxin contamination risk associated with granary-

stored corn with versicolorin A monitoring and logistic regression［J］. Food Additives & Contaminants：Part A,2019,36(2)：308-319.

［2］悦燕飞, 王若兰, 渠琛玲, 等.玉米储藏结露过程中的品质变化［J］.食品科技, 2019, 44(2)：194-197.

［3］刘焱.储粮中主要真菌生长和毒素形成与产生 CO_2 的关系［D］.郑州:河南工业大学, 2015.

［4］KalariaRK, Axita P, DesaiHS. Isolation and characterization of dominant species associated as grain mold complex of sorghum under south Gujarat region of India ［J］. Indian Phytopathology, 2020, 73(3).

［5］ShiHT,LiSL, BaiYY, et al. Mycotoxin contamination of food and feed in China：Occurrence, detection techniques, toxicological effects and advances in mitigation technologies［J］. Food Control, 2018, 91：202-215.

［6］李昕昕.玉米和小麦储藏中真菌多样性及真菌毒素的研究［D］.泰安:山东农业大学, 2015.

［7］Adriana SDD, Cleverson B, Elisabete HH, et al. Occurrence of Aspergillus sp., Fusarium sp., and aflatoxins in corn hybrids with different systems of storage［J］. Acta Scientiarum：Agronomy, 2016, 38(1).

［8］ZhangSY, Hao W, YangM, et al. Versicolorin A is a potential indicator of aflatoxin contamination in the granary-stored corn［J］. Food Additives & Contaminants：Part A, 2018, 35(5)：972-984.

［9］苑学霞, 丁照华, 董燕婕, 等.干燥方式、储存温度和品种对玉米中伏马毒素 B_1 的影响［J］.中国粮油学报,2019,34(7)：90-94.

［10］程翠利, 赵小会, 蒋红梅, 等. 黄曲霉及毒素防控技术研究进展［J］. 食品工业, 2018, 039(2)：296-300.

［11］Panyasak A, Tumwason S, Chotipuntu P. Effect of moisture content and storage time on sweet corn waste silage quality［J］. Walailak Journal of Science &Technology, 2015, 12(2).

［12］徐艳阳, 于静, 繆彬彬, 等.玉米中霉菌的分离纯化及鉴定［J］.食品研究与开发,2015,36(16)：137-141.

［13］王萍,刘洋,冯滢璇,等.植物精油对黄曲霉的抑制机理及应用方式研究进展［J/OL］.食品工业科技:1-18［2021-04-13］.

［14］Sun SM,Zhao R,Xie YL, et al. Reduction of aflatoxin B1 by magnetic graphene oxide/TiO$_2$ nanocomposite and its effect on quality of corn oil［J］. Food Chemistry,2020, 343(1):128521.

［15］孙华,郭宁,丁梦军,等.聊城市仓储玉米籽粒霉烂病原菌的分离与鉴定［J］. 植物保护,2019,45(3):179-182+195.

［16］兰静,金海涛,赵琳,等.玉米真菌毒素污染与控制技术研究进展［J］.农产 品质量与安全, 2020(5):15-21.

［17］任贝贝,王丽英,路杨,等.河北省小麦、玉米及其制品中16种真菌毒素污染 水平调查与分析［J］.食品安全质量检测学报,2021,12(05):1669-1676.

［18］张牧臣,郑楠,王加启.食品中黄曲霉毒素B1污染研究进展［J］.食品科 学, 2018, 39(7): 312-320.

［19］高树成, 李佳. 不同储藏条件下稻谷微生物的变化研究［J］.粮食与油脂, 2016, 29(11): 28-30.

［20］Bruno LT, Keliani B, TMN, et al. Assessment of allyl isothiocyanate as a fumigant to avoid mycotoxin production during corn storage［J］. LWT – Food Science and Technology, 2017, 75:692-696.

［21］王利敏,邢福国,吕聪,等. 复合植物精油防霉剂对玉米霉菌及真菌毒素的 控制效果［J］. 核农学报, 2018, 32(04): 732-739.

［22］Jian J, XieYF, GuoYH, ChengYL, et al. Application of edible coating with essential oil in food preservation［J］. Critical Reviews in Food Science and Nutrition, 2019, 59(15): 2467-2480.

［23］Chellappandian M, Vasantha SP, Senthil NS, et al. Botanical essential oils and uses as mosquitocides and repellents against dengue. Environment International, 2018,113:214-230.

［24］Natalia SG, María AP, Daiana G, et al. Microencapsulation of Peumus boldus essential oil and its impact on peanut seed quality preservation. 2018, 114: 108-114.

［25］Mariem B, Marcos A N, Hanen F, et al. Nanoencapsulation of Thymus capitatus essential oil: Formulation process, physical stability characterization and antibacterial efficiency monitoring. 2018, 113:414-421.

［26］项芳芝,赵凯,邵倩,等. 防霉剂在储粮中的应用研究进展［J］. 中国粮油 学报, 2019, 34(1): 131-137.

［27］JuJ, XieYF, GuoYH, ChengYL, et al. Application of edible coating with essential oil in food preservation［J］. Critical Reviews in Food Science and Nutrition，2019，59（15）：2467-2480.

［28］胡文杰，戴彩华，周升团.油樟叶精油馏分的主要成分、抑菌活性及其主要单体成分抑菌机理研究［J］.安徽农学通报,2019,25（15）:14-19.

［29］包志碧,陈仁伟,刘旺景,等.植物提取物的防腐作用及其机理研究进展［J］.饲料工业,2018,39（12）:58-64.

［30］汤友军,鲁晓翔.植物精油稳定性的改善及其在食品中应用研究进展［J］.食品工业科技,2020,41（7）:353-357.

［31］Barbosa LCA, Filomeno CA, Teixeira RR. Chemical Variability and Biological Activities of Eucalyptus spp. Essential Oils［J］. Molecules，2016，21（12）:1671

［32］Prakash B, Kujur A, Yadav A, et al. Nanoencapsulation：An efficient technology to boost the antimicrobial potential of plant essential oils in food system［J］. Food Control，2018,89:1-11.

［33］龙娅，胡文忠，萨仁高娃，等. 肉桂精油的抑菌机理及在鲜切果蔬保鲜中的应用［C］// 中国食品科学技术学会第十五届年会论文摘要集. 2018.

［34］帅婧雯，冯可，焦婷婷，等. 天然提取物对鲜切马铃薯抑菌保鲜的研究进展［C］// 中国食品科学技术学会第十五届年会论文摘要集. 2018.

［35］Prieto MC,Lucini EI, et al. Thyme and Suico essential oils：promising natural tools for Potato Common Scab Control［J］. Plant Biology,2020,22（1）:81-89.

［36］Ghabraie M, Vu KD, Tata L, et al. Antimicrobial effect of essential oils in combinations against five bacteria and their effect on sensorial quality of ground meat［J］. LWT - Food Science and Technology,2016,66:332-339.

［37］袁康,胡振阳,卢臣,等.紫苏精油对两种霉菌的抑菌活性效果研究［J］.粮食科技与经济,2019,44（11）:85-89.

［38］李泽洪,马海杰,吴克刚,等.肉桂精油防控玉米霉变的研究［J］.安徽农业科学,2015,43（7）:307-309.

［39］张正周, 姚瑞玲.花椒精油对红提葡萄致病菌抑菌效果的影响［J］. 农业与技术，2015（1）: 6-8

［40］陈广勇，王康莉，张玲玲，等. 植物精油及其复合物的抑菌效果研究［J］.饲料研究，2018，（2）: 5-9.

［41］Di SMC, Alaimo A, Domínguez RAP, et al. Biocompatibility analysis of high molecular weight chitosan obtained from Pleoticus muelleri shrimps. Evaluation in prokaryotic and eukaryotic cells［J］. Biochemistry and Biophysics Reports，2020，24.

［42］Sankar R，Yi H，Santosh D，et al. Chitosan-adjuvanted Salmonella subunit nanoparticle vaccine for poultry delivered through drinking water and feed.［J］. Carbohydrate Polymers，2020，（243）.

［43］Mohammed AEN，Nahla EMI，Samah AAAE，et al. The antioxidative and immunity roles of chitosan nanoparticle and vitamin C-supplemented diets against imidacloprid toxicity on Oreochromis niloticus［J］. Aquaculture，2020，（523）.

［44］Gianfranco R，Valeria M，Renzo F，et al. Use of Chitosan and Other Natural Compounds Alone or in Different Strategies with Copper Hydroxide for Control of Grapevine Downy Mildew.［J］. Plant disease，2020.

［45］Fathi A，Khanmohammadi M，Goodarzi A，Foroutani L，et al. Fabrication of chitosan-polyvinyl alcohol and silk electrospun fiber seeded with differentiated keratinocyte for skin tissue regeneration in animal wound model［J］. Journal of Biological Engineering，2020，14（1）.

［46］Laysa RL，Fabia KA，Daniela RA，et al. Anti-acetylcholinesterase and toxicity against Artemia salina of chitosan microparticles loaded with essential oils of Cymbopogon flexuosus，Pelargonium x ssp and Copaifera officinalis.［J］. International journal of biological macromolecules，2020.

［47］BrunoRM，Suelen PF，Ariel CO，et al. Bactericidal Pectin/Chitosan/Glycerol Films for Food Pack Coatings：A Critical Viewpoint［J］. International journal of molecular sciences，2020，21（22）.

［48］蔡金萍. 新型壳聚糖酯的制备及抑菌性能研究［D］. 青岛：中国海洋大学，2015.

［49］董红兵，詹小芸. 壳聚糖的抗菌活性在酱腌菜中的应用［J］. 湖北农业科学，2019，58（12）：130-133.

［50］唐红枫，夏琪，刘群，等. 甲壳素提取工艺条件比较及壳聚糖抑菌作用研究［J］. 科学技术与工程，2017，17（10）：58-61.

［51］毕继才，姜宗伯，张亚征，等. 壳聚糖在食品工业中的应用［J］. 河南科技学院学报（自然科学版），2018，46（5）：35-37.

[52]刘扬，吴珺华. 壳聚糖载药系统及其在骨组织工程中的应用[J]. 口腔医学，2019, 39(4)：350-352

[53]于玛丽，李丽梅，郭家智，等. 壳聚糖在组织工程的应用[J]. 中国高新科技, 2019, 39：104-107.

[54]薛金玲，李健军，白艳红，等. 壳聚糖及其衍生物抗菌活性的研究进展[J]. 高分子通报，2017, 41(1)：4-5.

[55]周历涛，孙美乔. 壳聚糖及其衍生物在水处理中的研究现状[J]. 辽宁化工, 2018, 47(7)：693-694.

[56]DengAP, Yang Y, DuSM, et al. Preparation of a recombinant collagen-peptide (RHC)-conjugated chitosan thermosensitive hydrogel for wound healing. 2021, 119(prepublish)：111555.

[57]ZhangYJ, ShiXJ, XiaoSX, XiaoDB. Visible and infrared electrochromism of bis (2-(2-(2-hydroxyethoxy) ethoxy) ethyl) viologen with sodium carboxymethyl chitosan-based hydrogel electrolytes[J]. Dyes and Pigments, 2021, 185.

[58]张金生，田中禾，李丽华. 壳聚糖及其衍生物在水处理中的应用[J]. 化工新型材料，2019, 47(2)：52-54.

[59]杨振彦，李巧玲. 壳聚糖膜的改性及其在废水处理中的应用进展[J]. 应用化工, 2018, 47(9)：1992-1993.

[60]Nguyen TV, NguyenTTH, Wang SL, et al. Preparation of chitosan nanoparticles by TPP ionic gelation combined with spray drying and the antibacterial activity of chitosan nanoparticles and a chitosan nanoparticle-amoxicillin complex. [J]. Res Chem Intermed, 2017, 43：3527-3537.

[61]陈文彬，严文静，徐幸莲，等. α-生育酚壳聚糖纳米粒的制备、表征及体外缓释抗氧化性能[J]. 食品科学, 2017, 22(38)：216-223.

[62]Abbas M, Saeed F, Anjum FM, et al. Natural polyphenols：An overview[J]. International Journal of Food Properties, 2017, 20(5-8)：1689-1699.

[63]Olszewska MA, Astrid G, Manuel S. Antimicrobial polyphenol-rich extracts：Applications and limitations in the food industry [J]. Food Research International, 2020, 134：109214.

[64]费鹏，赵胜娟，陈曦，等. 植物多酚抑菌活性、作用机理及应用研究进展[J]. 食品与机械, 2019, 35(7)：226-230.

[65]Chibane LB, Degraeve P, Ferhout H, et al. Plant antimicrobial polyphenols as

potential natural food preservatives[J]. Journal of the Science of Food and Agriculture, 2019, 99(4):1457-1474.

[66]申凯,张辉,严碧云,等.菱茎多酚的提取工艺及其抗氧化、抑菌活性研究[J].食品工业科技,2018,39(11):225-231.

[67]Jia SI, Huang Z, Lei YT, et al. Application of Illumina-MiSeq High Throughput Sequencing and Culture-dependent Techniques for the Identification of Microbiota of Silver Carp (Hypophthalmichthys Molitrix) Treated by Tea Polyphenols[J]. Food Microbiology, 2018, 76:52-61.

[68]徐云凤.安石榴苷对金黄色葡萄球菌的抑菌作用及机制研究[D].咸阳:西北农林科技大学,2017.

[69]RiazA,LeiSC,ZengXX,et al. Preparation and characterization of chitosan-based antimicrobial active food packaging film incorporated with apple peel polyphenols[J]. International Journal of Biological Macromolecules,2018,114:547-555.

[70]Mojtaba KS,Sepideh H. Intelligent Chitosan/PVAnanocomposite films containing black carrot anthocyanin and bentonitenanoclays with improved mechanical, thermal and antibacterial properties[J]. Progress in Organic Coatings, 2019, 127:338-347.

[71]LiKJ,GuanGL,SunQJ,et al. Antibacterial activity and mechanism of a laccase-catalyzed chitosan-gallic acid derivative againstEscherichia coliandStaphylococcus aureus[J]. Food Control,2019,96:234-243.

[72]Balti R,Mansour MB,MasséA,et al. Development and characterization of bioactive edible films from spider crab(Maja crispata)chitosan incorporated with Spirulina extract[J]. International Journal of Biological Macromolecules, 2017, 105:1464-1472.

[73]巴良杰,罗冬兰,吉宁,等.生物保鲜纸对李子贮藏期品质的影响[J].食品与机械,2020,36(7):140-143+226.

[74]杨立娜,赵亚凡,马丹丹,等.Nisin及纳他霉素生物保鲜剂对干豆腐保鲜效果的研究[J].食品研究与开发,2020,41(10):21-27.

[75]王瑞国,郭丽丽,王培龙,等.杂质吸附型净化结合超高效液相色谱-串联质谱法同时测定谷物和动物饲料中37种霉菌毒素[J].色谱,2020,38(7):817-825.

[76]赵枭健.纳他霉素纳米分散体系的制备、相互作用及应用研究[D].杭州:

浙江工商大学,2019.

［77］张小华,操庆国,郭钦. 新型防腐剂对面制品中微生物抑菌效果的研究［J］. 食品研究与开发,2018,39(20):13-18.

［78］李彦伸,卢国柱,曲劲尧,等. 霉菌毒素检测与脱毒技术研究进展［J］. 食品安全质量检测学报,2020,11(12):3919-3929.

［79］赵春霞,王轶,程微,等. 复合菌系降解黄曲霉毒素 B1 的效果及组成多样性研究［J］. 食品科学,2017,38(9):106-112.

［80］Taheur FB, Fedhila K, Chaieb K, et al. Adsorption of aflatoxin B1,zearalenone and ochratoxin A by microorganisms isolated from Kefir grains［J］. International journal of food microbiology, 2017, 251:1 - 7.

［81］张美美,蒋梦宇,孙悠然,等. 不同氨化处理黄曲霉毒素 B1 脱毒效果及其对奶牛瘤胃体外发酵的影响［J］. 中国畜牧兽医,2019,46(1):130-139.

［82］Suradeep B. Modelling the effect of betel leaf essential oil on germination time of Aspergillus flavus and Penicillium expansum spore population［J］. LWT- Food Science and Technology, 2018, 95:361-366.

［83］Fu JJ,Md AAM,Noel DG, et al. Safe storage times of FINOLA hemp (Cannabis sativa) seeds with dockage［J］. Journal of Stored Products Research,2019,83.

［84］Christopher M,Francis M,Mateete B, et al. Physical quality of maize grain harvested and stored by smallholder farmers in the Northern highlands of Tanzania:Effects of harvesting and pre - storage handling practices in two marginally contrasting agro-locations［J］. Journal of Stored Products Research, 2019,83:34-43.

［85］姚德秀. 阜阳市粮食烘干中心发展现状与建议［J］. 现代农机,2018(1):29-30.

［86］渠琛玲,万立昊,李慧, 等. 玉米霉变程度与敏感品质变化关系研究［J］. 中国粮油学报,2019,34(11):76-80.

［87］Benelli G,Pavela R,Maggi F, et al. Insecticidal activity of the essential oil and polar extracts from Ocimum gratissimum grown in Ivory Coast:Efficacy on insect pests and vectors and impact on non-target species［J］. Industrial Crops and Products, 2019, 132:377-385.

［88］James A, Zikankuba V L. Mycotoxins contamination in maize alarms food safety in sub-Sahara Africa［J］. Food Control, 2018, 90:372-381.

[89]Eskola M, Kos G, Elliott C T, et al. Worldwide contamination of food-crops with mycotoxins: Validity of the widely cited ʹFAO estimateʹ of 25% [J]. Critical Reviews in Food Science and Nutrition, 2019, 60(16): 2773-2789.

[90]唐彩琰, 邵建忠, Jog, 等. 霉菌毒素分析的重要性[J]. 国外畜牧学(猪与禽), 2018, 38, (5): 4-5.

[91]唐彩琰, Emmy Koeleman. 霉菌毒素风险水平依然很高[J]. 国外畜牧学-猪与禽, 2017, 37(7): 130.

[92]食品安全国家标准食品中真菌毒素限量: GB2761-2017[S]. 北京: 中国标准出版社, 2017.

[93]Liu Y, Jiang Y, Li R, et al. Natural occurrence of fumonisins B1 and B2 in maize from eight provinces of China in 2014 [J]. Food Additives & Contaminants Part B, 2017, 10(2): 113-117.

[94]王燕, 董燕婕, 岳晖, 等. 山东省玉米真菌毒素污染状况调查及分析[J]. 粮油食品科技, 2016, 24(3): 69-73..

[95]吴芳, 严晓平, 杨玉雪. 我国农户 2016 年储藏玉米黄曲霉毒素 B1 污染情况调查[J]. 粮食与饲料工业, 2018, (1): 8-12.

[96]李杉, 袁蒲, 付鹏钰, 等. 2014-2015 年河南省部分食品中真菌毒素污染状况调查分析[J]. 中国卫生产业, 2017, 14(27): 144-147.

[97]胡佳薇, 乔海鸥, 田丽, 等. 2013-2016 年陕西省谷物及其制品中真菌毒素的污染状况[J]. 卫生研究, 2017(6): 158-160.

[98]袁辉, 鲍磊. 玉米存储过程中真菌毒素污染控制与检测的研究进展[J]. 南方农机, 2018, 49(10): 137.

[99]Echodu R, Malinga GM, Kaducu JM, et al. Prevalence of aflatoxin, ochratoxin and deoxynivalenol in cereal grains in northern Uganda: Implication for food safety and health[J]. Toxicology Reports, 2019, 6.

[100]Wang Y, Wang B, Liu M, et al. Comparative transcriptome analysis reveals the different roles between hepatopancreas and intestine of Litopenaeus vannamei in immune response to aflatoxin B1 (AFB1) challenge [J]. Comparative Biochemistry & Physiology Part C Toxicology & Pharmacology, 2019, 222: 1-10.

[101]Muhammad A, Shahzad ZI, Zahid M, Muhammad RA, Hira Z, Humaira C, Noeen M. Survey of mycotoxins in retail market cereals, derived products and

evaluation of their dietary intake[J]. Food Control,2018,84.

［102］Ojuri OT, Ezekiel CN, Sulyok M, et al. Assessing the mycotoxicological risk from consumption of complementary foods by infants and young children in Nigeria[J]. Food and Chemical Toxicology, 2018, 121:37-50.

［103］佚名. 呕吐毒素简介[J]. 粮食加工, 2017(2):35.

［104］季海霞, 钱英, 黄萃茹,等. 2015 年全国部分地区饲料及原料霉菌毒素分析报告[J]. 养猪, 2016, (1):21-24.

［105］李克. 电子束辐照降解玉米赤霉烯酮和赭曲霉毒素 A 的研究[D].无锡:江南大学,2019.

［106］Pirouz AA, Selama J, Iqbal SZ, et al. The use of innovative and efficient nanocomposite (magnetic graphene oxide) for the reduction on of Fusarium mycotoxins in palm kernel cake[J]. Scientific Reports, 2017.

［107］陈凌杰. 凹凸棒石玉米赤霉烯酮吸附剂在肉鸡饲料中的应用研究[D].南京:南京农业大学,2017.

［108］陈光明, 谢玲玲, 王莹,等. 蒙脱石对黄曲霉毒素 B1(AFB1)和玉米赤霉烯酮(ZEN)的体外吸附效果[J]. 畜牧与饲料科学, 2016, 37(2):7-9.

［109］李孟孟, 翟双双, 王文策,等. 饲料中霉菌毒素的危害及其降解方法研究进展[J]. 中国家禽, 2016, 38(5):37-41.

［110］罗小虎, 齐丽君, 王韧,等. 臭氧降解黄曲霉毒素 B1 污染玉米的体内毒性评价[J]. 食品与机械, 2016, 32(8):58-62.

［111］李超. 臭氧处理粮油制品中真菌毒素及对品质影响的研究[D].镇江:江苏科技大学,2020.

［112］郑婷婷. 玉米胚品质及其真菌毒素控制研究[D]. 郑州:河南工业大学,2020.

［113］蒋梦宇,魏川子,谢小来,等. 不同氨化处理黄曲霉毒素 Bsub1/sub 脱毒效果及其对奶牛瘤胃体外发酵的影响[J]. 中国畜牧兽医, 2019.

［114］Yadav A, Kujur A, Kumar A, et al. Encapsulation of Bunium persicum essential oil using chitosan nanopolymer:Preparation, characterization, antifungal assessment, and thermal stability [J]. International Journal of Biological Macromolecules, 2020, 142:172-180.

［115］Upadhyay N, Singh VK, Dwivedy AK, et al. Cistus ladanifer L. essential oil as a plant based preservative against molds infesting oil seeds, aflatoxin B 1 secretion, oxidative deterioration and methylglyoxal biosynthesis[J]. LWT – Food Science and Technology, 2018, 92:395−403.

[116]Boukaew S, Prasertsan P, Sattayasamitsathit S. Evaluation of antifungal activity of essential oils against aflatoxigenic Aspergillus flavus and their allelopathic activity from fumigation to protect maize seeds during storage[J]. Industrial Crops & Products, 2017, 97(Complete):558−566.

[117]Rafaela MB, Vanuzia RFF, Luís RB, et al. Antifungal and antimycotoxigenic effect of the essential oil of Eremanthus erythropappus on three different Aspergillus species[J]. Flavour and Fragrance Journal,2020,35(5).

[118]Manoj K, Abhishek KD, Parismita S, et al. Chemically characterised Artemisia nilagirica (Clarke) Pamp. essential oil as a safe plant−based preservative and shelf−life enhancer of millets against fungal and aflatoxin contamination and lipid peroxidation[J]. PlantBiosystems−An International Journal Dealing with all Aspects of Plant Biology,2020,154(3).

[119]Salma L,Hassène Z,Zohra H,et al. Antifungal and antiaflatoxinogenic activities of Carum carvi L., Coriandrum sativum L. seed essential oils and their major terpene component against Aspergillus flavus[J]. Industrial Crops & Products, 2019,134.

[120]Anand KC,Vipin KS,Somenath D, et al. Improvement of in vitro and in situ antifungal, AFB 1 inhibitory and antioxidant activity of Origanum majorana L. essential oil through nanoemulsion and recommending as novel food preservative [J]. Food and Chemical Toxicology,2020,143.

[121]García−Díaz M, Patio B, Vázquez C, et al. A Novel Niosome−Encapsulated Essential Oil Formulation to Prevent Aspergillus flavus Growth and Aflatoxin Contamination of Maize Grains During Storage[J]. Toxins, 2019, 11(11).

[122]项芳芝. 复合防霉剂对高水份玉米防霉效果研究[D].合肥:安徽农业大学,2020.

[123]赵春霞, 王轶, 程薇, 等. 复合菌系降解黄曲霉毒素B1的效果及组成多样性研究[J]. 食品科学, 2017(9):113−119.

[124]陈漪汶, 李溪, 雷柳琳,等. 活性与灭活乳酸菌吸附霉菌毒素的机制[J]. 饲料工业, 2018, 39(18):61−68.

[125]Martínez MP, Pereyra M, Juri M, et al. Probiotic characteristics and aflatoxin

B1 binding ability of Debaryomyces hansenii and Kazaschtania exigua from rainbow trout environment[J]. Aquaculture Research, 2018, 49(1).

[126] 张美美,蒋梦宇,孙悠然, 等. 不同氨化处理黄曲霉毒素 B1 脱毒效果及其对奶牛瘤胃体外发酵的影响[J]. 中国畜牧兽医,2019,46(1):130-139.

[127] 王明清, 张初署, 于丽娜, 等. 降解黄曲霉毒素 B1 芽孢杆菌的筛选与鉴定[J]. 山东农业科学, 2018, 50(11):77-81.

[128] 唐彧, 张琼琼, 郭永鹏, 等. 一株同时降解玉米赤霉烯酮和黄曲霉毒素 B1 的谷氨酸棒状杆菌及其降解特性研究[J]. 饲料工业, 2019, 593(20):39-44.

[129] 梁含,马召稳,于思颖, 等.呕吐毒素降解菌的筛选、鉴定及应用[J]. 中国畜牧杂志,2019,55(12):115-119.

[130] Wang CQ, Li ZY, Wang H, et al. Rapid biodegradation of aflatoxin B1 by metabolites of Fusarium sp. WCQ3361 with broad working temperature range and excellent thermostability. [J]. Journal of the science of food and agriculture,2017,97(4).

第2章　杂粮中除草剂的分析现状

2.1　燕麦

燕麦(Avena sativa L.)为禾本科燕麦属作物,在世界谷物生产中,燕麦总产量仅次于小麦、水稻、玉米、大麦、高粱,居第 6 位,种植集中分布于北半球温带地区。燕麦主要分为两类:带稃型和裸粒型。燕麦在我国种植历史悠久,主要为裸粒型燕麦,称为裸燕麦,也称莜麦、玉麦、燕麦和铃铛麦,分布于我国内蒙古、河北、山西、甘肃、陕西、宁夏、青海等地区。在谷类食品中,燕麦是最好的全价营养食品之一,富含可溶性膳食纤维(主要由 β-葡聚糖组成)、蛋白质、脂肪、维生素及矿质元素等营养物质,并于 1997 年被美国 FDA 首次批准使用"具有降低心脏病风险"的健康食品。而且,国内外大量研究也表明燕麦籽粒中的 β-葡聚糖还具有辅助降血脂、辅助降血糖、调节人体免疫功能、增强抵抗力等作用。因此,燕麦作为粗粮保健食品,也越来越受到现代人的关注。其生长适应性强,产量高,是我国的一大资源优势。

随着人类社会的发展,世界人口逐年增加,而耕地逐年减少,人类对食物的需求越来越高,只有不断提高粮食产量才能够满足日益增多的人口吃饭的需要。只有做到及时杀虫、除草、灭鼠以及对病害的防治才能保证农作物的增产丰收。各类农药也因此应运而生。通常根据农药的作用机理对其进行分类,燕麦中常见的农药可分为四大类,包括甲氧基丙烯酸酯类杀菌剂、三唑类杀菌剂、三嗪类除草剂和苯氧羧酸类激素型除草剂农药。甲氧基丙烯酸酯类啶氧菌酯杀菌剂、三唑类杀菌剂是两种极具发展潜力和市场活力的新型农用杀菌剂,它主要适用于禾谷类、果蔬化及花生等多种粮食作物,能够有效地防治某些真菌病原菌所引起的植物病害,在粮食的增产方面起到了很大的作用。三嗪类除草剂、苯氧羧酸类激素型 2,4-D 丁酯除草剂是目前很多国家广泛使用的除草剂,在全世界范围内应用越来越多,它适用于禾本科燕麦属作物。

目前对于农药残留已经建立的方法主要有气相色谱(GC)、高效液相色谱(HPLC)、气相色谱—质谱(GC-MS)联用技术、液相色谱—质谱联用法(HPLC-MS)和液相色谱—串联质谱法(HPLC-MS/MS)等。随着对农药现场快速检测的迫切要求,农残快检的技术得到了快速发展。目前,国内外报道农药残留快速检测方法还有酶联免疫吸附法、免疫传感器、胶体金标记免疫法(试纸法)等。本文介绍了燕麦中常见的农药残留,包括:甲氧基丙烯酸酯类啶氧菌酯杀菌剂、三唑类杀菌剂、三嗪类除草剂和苯氧羧酸类激素型 2,4-D 丁酯除草剂以及分别介绍这四种农药检测技术的研究现状。

2.1.1　燕麦资源状况

我国燕麦的种质资源收集工作起步较晚,开始于新中国成立之后。"八五"期间组织编纂的《中国燕麦品种资源目录》(第二册)中,入编的燕麦资源分别隶属于燕麦属(*Avena*)中的 9 个种,即六倍体种 6 个:裸燕麦(*A. Nuda* L.)、普通栽培燕麦(*A. sativa* L.)、野红燕麦(*A. sterilis* L.)、地中海燕麦(*A. byzantina Hochest*)、普通野燕麦(*A. fatun* L.)、东方燕麦(*A. orentalis Schreb*);四倍体种 1 个:大燕麦(*A. magna Mur*);2 倍体种 2 个:砂燕麦(*A. strigosa Schreb*)、小粒裸燕麦(*A. Nudibrevis* var.)。目前,我国国家农作物种质保存中心长期库(温度 -18±1℃,相对湿度<50%)中保存了燕麦种子共 1 142 份,其中皮燕麦 995 份,裸燕麦 147 份。此外,一些地方研究单位采用中期库(温度 -4±2℃,相对湿度<50%)保存和活体保存,共保存了燕麦种质资源 504 份。

2.1.2　燕麦种植规模和分布

燕麦是世界性栽培作物,广泛分布于 42 个国家,集中产区是北半球的温带地区。我国燕麦种植历史悠久,且种植面积广泛,在内蒙古、河北、山西、甘肃、陕西等省份均有种植,并且前 4 个省份的种植面积占全国燕麦种植面积的 90%。此外,我国燕麦种植地区在高寒地带较为集中,燕麦在青藏高原及其周边地区是家畜的主要饲料,其种植与收获对当地畜牧业发展和生态建设都具有重要的意义。

近年来,随着生活水平的提高,燕麦保健功能越来越受到人们的重视,燕麦生产和燕麦产品的开发利用受到更多的关注,进而燕麦的需求量不断增加,种植面积也开始逐年上升。

2.1.3　燕麦的主要营养成分及功能特性

燕麦主要含有球蛋白、谷蛋白、清蛋白和醇溶蛋白,其总蛋白质含量高达12%~18%,是普通小麦粉、大米的 1.6~2.3 倍。燕麦蛋白在人体内利用率高,蛋白质功效比超过2.0,是植物蛋白中的佼佼者,燕麦所含有的特有成分是任何一种粮食作物无法比拟的。

燕麦蛋白质中含有18种氨基酸,包括人体所需的8种必需氨基酸。而且燕麦中的氨基酸在谷物中是较平衡的(表2-1),因为配比合理、易被人体利用,燕麦中蛋白质营养价值几乎可与鸡蛋相比较。燕麦蛋白中赖氨酸含量很高,每100 g含675 mg赖氨酸,是大米和小麦粉的2倍以上,因此经常食用燕麦食品能弥补饮食结构所导致的赖氨酸缺乏症;色氨酸含量也高于大米和小麦粉,用于防贫血和防止毛发脱落等。燕麦籽粒中必需氨基酸与非必需氨基酸的平均比值为0.76,其中必需氨基酸的平均总量占全氨基酸平均总量的43.05%,燕麦中含有的必需氨基酸符合FAO/WHO提出的参考蛋白模式,可以改善人们的营养状况和促进人们的健康水平的提高。

表2-1 燕麦与其他粮食中必需氨基酸比较表(mg/100 g)

食物名称	缬氨酸	苏氨酸	亮氨酸	异亮氨酸	蛋氨酸	苯丙氨酸	色氨酸	赖氨酸
小麦粉	460	247	790	351	168	529	123	277
稻米轴	415	292	664	243	150	355	118	295
稻米梗	394	286	632	246	128	338	121	257
燕麦粉	962	638	1345	506	225	860	212	680

燕麦淀粉是重要的能源物质,可为人体提供充分的能量。燕麦中淀粉的含量为30.9%~32.3%,其中直链淀粉占总淀粉含量的10.6%~24.5%。燕麦淀粉的糊化温度为56.0~74.0℃,比其他淀粉更易糊化,加工成本较低。与玉米和小麦淀粉相比,燕麦淀粉不易老化。

燕麦中脂肪主要分布在燕麦仁,92%以上分布在麸皮和胚乳中。调查发现,93%以上燕麦脂肪含量为小麦的4倍左右,燕麦脂肪属优质植物脂肪,主要由棕榈酸、油酸、亚油酸和亚麻酸构成,其中82%为不饱和脂肪酸,而亚油酸含量占不饱和脂肪酸的35%~50%,占籽粒重的1.8%~2.4%(表2-2)。亚油酸在人体内是必需脂肪酸,对降低胆固醇的效果很明显,因而能有效预防心脑血管病和高脂血症。

表2-2 燕麦油与其他油脂脂肪酸组成比较表(wt%)

脂肪酸品种	棕榈酸	硬脂酸	油酸	亚油酸	亚麻酸
燕麦油	13~28	1~4	19~53	24~53	1~5
大豆油	11	4	22	53	8

续表

脂肪酸品种	棕榈酸	硬脂酸	油酸	亚油酸	亚麻酸
棕榈油	44	4	40	10	痕量
卡诺拉油	4	2	56	26	10
葵花籽油	6	5	20	69	<1
橄榄油	10	2	78	7	1

燕麦中含有丰富的 B 族维生素和维生素 E。燕麦中还含有叶酸、胡萝卜素、烟酸等(表 2-3),但其中缺少维生素 A、维生素 E。其中,维生素 B_1、维生素 B_2 分别为大米的 3 倍,而维生素 E 含量达 15 mg/100 g。同时燕麦中无机盐和微量元素含量也很高,燕麦中 Fe 含量为大米的 8 倍,钙含量为大米的 5 倍。硒是人体必需的微量元素之一,100 g 燕麦中硒含量 0.687 mg,相当于小麦的 37.3 倍,是大米的 35 倍,此外,燕麦中还含有铜、锌、锰、钠、镁、钾等。

表 2-3　燕麦中维生素与矿物质含量(mg/100 g)

维生素	含量	矿物质	含量
维生素 B_2	0.13	钙	44.80
维生素 B_1	0.76	铁	4.30
维生素 E	2.78	铜	0.45
维生素 B_6	0.18	镁	138.90
叶酸	0.07	磷	442.30
烟酸	0.88	锌	3.67

燕麦含有可溶性膳食纤维和不溶性膳食纤维,含量为近 30%,主要存在于燕麦的麸皮中,外观呈蜂窝状,具有很强的吸附性、持水性和持油性(表 2-4)。燕麦的可溶性膳食纤维的主要成分是 β-葡聚糖。β-葡聚糖是一种黏度较高的短链葡聚糖,是燕麦胚乳和糊粉层细胞壁的主要成分。燕麦中的 β-葡聚糖具有多种功效,具有降低血脂、调节血糖平衡、促进肠道菌群、提高免疫力、减肥等作用。

表 2-4　各种食品的膳食纤维含量(%)

食品	总膳食纤维	不溶性膳食纤维	可溶性膳食纤维
燕麦麸皮	27.8	13.8	14.0
燕麦片	13.9	6.2	7.7
玉米片	12.2	5.0	7.2
芸豆	10.2	5.5	4.7

2.1.4　燕麦中农药残留现状

三嗪除草剂是燕麦田中常用的除草剂,又叫三氮苯类。分为均三嗪类和非均三嗪类,作为预防农田杂草和昆虫生长的高效除草剂和杀虫剂,早在 20 世纪 50 年代就广泛应用于农业中。三嗪类除草剂(triazine herbicides)是一类抑制植物光合作用的高效选择性除草剂。按环上碳原子上 Rl 取代基的不同,可以分为"津""净"和"通"三个系统,即取代基为氯原子(—Cl)称为"津",甲硫基(—SCH₃)称为"净",甲氧基(—OCH₃)称为"通"。目前三嗪类除草剂共有 36 个品种,农业中比较常用的有莠去津、扑草净、特丁通、西玛津、扑灭津、扑灭通、特丁津、莠灭净等,此外,环嗪酮、嗪草酮和苯嗪草酮也是常见的三种三嗪类除草剂。三嗪类除草剂纯品为白色结晶,水溶性较低,在水中的溶解度,通常是"通"类>"净"类>"津"类。大部分物质性质稳定。

三嗪类除草剂可用于玉米、高粱、棉花、大豆、燕麦及其他作物预防农田杂草生长,在世界范围内广泛使用,然而,该类除草剂的"三致"作用,引起了研究人员的高度重视。研究表明,三嗪类化合物可能引起人类癌症及先天性缺陷,同时影响内分泌系统的正常功能。三嗪类化合物的结构类似于苯环,性质稳定,能够长期存在于环境和作物中,造成环境和食品的污染。以阿特拉津为例,因其含有 1 个氯原子,对人和哺乳动物具有毒性,美国、日本等国均将其列入内分泌干扰剂化合物名单。为此,近年来国际上先后制定了多种三嗪类除草剂的残留限量:欧盟对莠去津的最高残留限量定为 $0.1\ mg \cdot kg^{-1}$,氰草津为 $0.05\ mg \cdot kg^{-1}$,美国对嗪草酮的最高残留限量定为 $0.3\ mg \cdot kg^{-1}$,氰草津为 $0.02\ mg \cdot kg^{-1}$;日本对嗪草酮(metribuzin)的最高残留限量定为 $0.1\ mg \cdot kg^{-1}$。

在燕麦种植栽培过程中,草害问题日益严重,目前化学除草仍是最切实可行的防控手段。但是燕麦与其他禾谷类作物对除草剂的敏感性不同,常因此而发生药害。其中苯氧羧酸类激素型除草剂 2,4-D 丁酯对裸燕麦的药害最为明显,直接导致裸燕麦带壳,给脱粒清选和后期的加工利用带来了困难。河北省张家口坝上农科所研究了 2,4-D 丁酯在燕麦田的使用效果,结果发现 2,4-D 丁酯会使裸燕麦带壳率显著增多;且不同药量、时期和品种的施药试验结果都显示燕麦带壳率增加,产量下降。Large 等报道施用 2,4-D 丁酯可造成燕麦及大麦生育期延长,部分器官畸形扭曲,穗异常等现象。王林等报道,在燕麦田施用 2,4-D 丁酯 1 125 mL/ hm²,效果良好,未出现明显药害现象;但当 2,4-D 丁酯浓度达到

1 500 mL/ hm² 时,有药害发生。Andrew 报道,于燕麦拔节期施用 2,4-D 丁酯和麦草畏+2-甲-4 氯钠可造成燕麦穗的异常发育。宋旭东等以高、中、低 3 个浓度研究了 2,4-D 丁酯对裸燕麦田杂草的控制及裸燕麦带壳率的影响,结果显示 2,4-D 丁酯显著增加了裸燕麦带壳率。

激素型除草剂包含四种主要的化学成分,即喹啉酸(如喹草酸和二氯喹啉酸等)、吡啶羧酸(如氟草烟、绿草定、毕克草和毒莠定等),苯甲酸(如麦草畏等),和苯氧羧酸(如 2,4-D、2,4-DP、2,4-DB、2,4,5-T、MCPA 和 MCPB 等)。它们结构和作用机理上的多样性,使得防治的杂草谱大大延伸。2,4-D(2,4-二氯苯氧乙酸)是世界上第一个人工合成和工业化生产的选择性激素类高效有机除草剂,通常用于控制一年生或多年生杂草,使用广泛。

2,4-D 丁酯属于苯氧羧酸类物质,纯品为无色油状液体,熔点 169℃,密度 1.242 8 g/ cm³,大鼠急性经口 LD50 值为 500～1 500 mg·kg⁻¹。口服中毒先为消化道症状,然后出现感觉异常、嗜睡、肌肉无力和肌纤维颤动,严重者出现抽搐、昏迷、大小便失禁和呼吸衰竭。鉴于此,许多国家都制订了该农药在农产品中的最高残留限量,我国 2001 年新颁布的《饮用水—水质卫生规范》将 2,4-D 的极限值规定为 0.03 mg·L⁻¹。世界卫生组织 2003 年 8 月颁布的《饮用水水质指南》规定饮用水中 2,4-D 的最大检出剂量为 30 µg·L⁻¹。作为除草剂,2,4-D 丁酯拥有不易漂移、杀草谱广、活性高、生产成本低等优异特性;该药具有较强的内吸传导性,在浓度较低时,即可以抑制植物生长发育使之出现畸形,直到死亡。其作用机理是在进入植物体后酯解生成 2,4-D,双子叶植物降解 2,4-D 速度较慢,因而抵抗力弱,容易受害,禾本科植物很快代谢而使之失去活性。

甲氧基丙烯酸酯类杀菌剂是由一类衍生物开发而来的新型杀菌剂,这类衍生物包括嗜球果伞素 A、小奥德蘑素 A 及粘噻唑 A 等,它们具有天然的杀菌活性,由于这类真菌产生的物质可作为细胞线粒体呼吸抑制剂,能够抑制病原菌线粒体电子传递,故可以抑制呼吸作用和能量产生。

啶氧菌酯(picoxystrobin)是由先正达公司开发的甲氧基丙烯酸酯类杀菌剂的一种。啶氧菌酯的杀菌谱广,活性较好,而且有很强的防雨水冲刷能力,持效期长,对作物、果实安全,不易产生药害,使用方便,适合病虫害综合治理(IPM)。张全等为了防治葡萄的霜霉病,将 250 g/L 啶氧菌酯悬浮剂稀释 1 500～2 000 倍,在发病初期就开始用药,间隔 7～10 d 施药一次,连续 2～3 次后,便控制住了病情。由此啶氧菌酯也就成了防治葡萄霜霉病的高效低毒的后备药剂。朱爽研究了啶氧菌酯和吡虫啉高效杀菌杀虫组合物对黄瓜白粉病及蚜虫的防治效果,结果证明了啶氧菌酯和吡虫啉合理的药剂复配不仅能够扩大杀菌谱,提高防治效果,降低防治成本,还能延缓或减轻抗药性的发展。

啶氧菌酯的纯品为白色粉末,分子式为 $C_{18}H_{16}F_3NO_4$,相对分子质量为 367.32,相对密度为 1.4(20℃),化学名称为:(E)-3-甲氧基-2-{2-[6-(三氟甲基)-2-吡啶氧甲基]苯基}丙烯酸甲酯。啶氧菌酯沸点为 453.1±45.0℃,熔点为 68.75℃,Henry 常数为 $6.5×10^{-4}Pa·m^3/mol$。啶氧菌酯易溶于有机溶剂,如甲醇、丙酮、乙腈,微溶于水。啶氧菌酯的 2-甲醇溶液在 250 nm 波长处具有紫外吸收。啶氧菌酯分子中含有共轭结构,能够产生荧光吸收。啶氧菌酯的毒性较低,但也是不容小觑的,当人或动物摄入过多含有啶氧菌酯的食品后,可能会导致头痛、恶心、腹泻等症状,严重的甚至造成畸形、肿瘤,诱发突变。欧盟对粮谷类产品作出了比较详尽的规定,它规定啶氧菌酯在大麦和燕麦中的残留量不得超过 $0.3 mg·kg^{-1}$,在小麦和黑麦中最大残留量为 $0.5 mg·kg^{-1}$,在大米、小米、玉米、荞麦和高粱中缩小到了 $0.1 mg·kg^{-1}$。在我国的食品安全国家标准 GB 2763—2014 中规定了食品中各类农药的最大残留限量,其中啶氧菌酯在西瓜中的最大残留量为 $0.05 mg·kg^{-1}$。

酰胺类除草剂是目前国际上大量使用的除草剂之一。孟山都(Monsanto)公司于 1956 年成功开发此类除草剂的第 1 个品种——旱田除草剂二丙烯草胺。此后,酰胺类除草剂有了较大的发展,截至目前,此类除草剂已有 53 个品种商品化,在全世界的年产量、应用范围和使用面积仅次于有机磷除草剂,居第 2 位。在国际市场中,销量最大的酰胺类除草剂品种是乙草胺、丁草胺、甲草胺,占该类除草剂总产量的 96%。酰胺类除草剂的除草效果好,但是稍有不慎易出现药害。此类除草剂品种在水田中的活性特别高,虽然相对旱田,其使用量低很多,但药害事故仍时有发生,即使应用于旱田,使用不当也会造成药害。由此可见,开发酰胺类除草剂的安全剂在农业生产中具有十分重要的意义。它可以用于玉米、花生、大豆、棉花等多种作物,防除一年生禾本科杂草和部分阔叶杂草,由于该类药剂杀草谱广、效果突出、价格低廉、施用方便等优点,在生产中推广应用面积逐渐扩大。从美国孟山都公司生产的烯草胺开始,各公司相继开发了敌稗、新燕灵、甲氟胺、毒草胺、甲氧毒草胺、丁草胺、甲草胺、乙草胺、都尔、丙草胺等品种,其中大多数为土壤处理剂。近年来开发的酰胺类除草剂:二甲噻草胺(dimethenamid):1993 年上市,为细胞分裂抑制剂,主要用于玉米、大豆、花生及甜菜等作物,防除多种一年生禾本科杂草和阔叶草。甲氧噻草胺、噻吩草胺(thenylchlor):1994 年上市,主要通过阻碍蛋白质合成抑制细胞分裂而致效,芽前除草剂,主要用于稻田防除一年生禾本科杂草和多数阔叶杂草。氟噻草胺(flufenacet):1998 年上市,细胞分裂和生长抑制剂,其主要用于玉米、小麦、大麦、大豆等作物田,防除众多一年生禾本科杂草(如多花黑麦草等)和某些阔叶杂草。烯草胺(pethoxamid):2006 年上市,它通过抑制脂肪酸合成而致效,该药剂可芽前和芽后初期防除禾本科杂草和某些阔叶杂草。乙氧苯草胺(etobenzanid)、唑草胺(cafenstrole)、甲酰胺草磷(Amiprophose-Methyl,APM)、3,4-二氯丙酰苯胺(3,4-Dichloropropionanilide,DCPA)、双苯酰草胺(Diphenamid)、噻唑草酰胺(fluthiamide)、氟吡酰草胺(Picolinafen);氧乙酰苯胺类:氟噻草胺(flufenacet)、苯噻(酰)草胺(mefenacet)、氟丁酰草胺(beflubutamid)。

2.1.5 农药检测技术研究现状

气相色谱法广泛用于三嗪类农药的检测,美国环保署规定用气相色谱法对水中的阿特拉津进行测定。高分辨气相色谱(HRGC)是最广泛应用于三嗪类农药残留分析的方法,并作为其他检测方法的参考标准。气相色谱使用的色谱柱主要是填充柱和毛细管柱。在农药残留检测中气相色谱最常用的检测器为电子捕获检测器(ECD)、氮磷检测器(NPD)、火焰光度检测器(FPD)、质谱检测器(MSD)等。Mendas 等建立了一种人尿中三嗪类除草剂及其代谢产物的 GC-ECD 分析方法,主要分析物包括阿特拉津、西玛津、扑灭津和莠灭净,检测限为 $5 \sim 30\ \mu g \cdot L^{-1}$,回收率为 58%~102%。张敬波等建立了气相色谱—氮磷检测器(GC-NPD)同时检测玉米中 12 种三嗪类除草剂(西玛通、西玛津、阿特拉津、扑灭津、特丁通、特丁津、环丙津、西草净、扑草净、特丁净、甲氧丙净、环嗪酮)残留量的方法,检测限最低为 $0.01\ mg \cdot kg^{-1}$,加标回收率为 84.0%~106.8%。

高效液相色谱法也常用于除草剂的测定,一般采用紫外检测器(UV)或者二极管阵列检测器(DAD)进行检测。Cheng 等利用 HPLC-UV 技术检测羊肝脏中西玛津、阿特拉津、扑灭津及扑草净 4 种三嗪类农药,检测限为 $0.014 \sim 0.088\ mg \cdot L^{-1}$,回收率在 90%~102%之间。Sambe 等建立了河水中西草净、莠灭净和扑草净等三嗪类除草剂 HPLC-UV 快速分析方法,其特点是使用实验室自制的分子印迹聚合物对样品进行提取与富集,方法检测限达 $25\ ng \cdot L^{-1}$,相应的回收率分别为 101%、95.6%和 95.1%。See 等建立了一种 HPLC-UV 方法对河水中的三嗪类除草剂进行了检测,检测限为 $0.2 \sim 0.5\ \mu g \cdot L^{-1}$,回收率为 95%~101%。祁彦等建立了同时检测大豆中 13 种三嗪类除草剂残留量的 RP-HPLC-DAD 方法,检测限为 $20\ \mu g \cdot kg^{-1}$,在 $0.02 \sim 1.00\ \mu g \cdot g^{-1}$ 质量分数范围内,平均加标回收率在 71.9%～101.9%之间。该方法简便、快速,净化效果较好,可同时满足进、出口大豆中多种除草剂残留量的检验工作需要。Gao 等采用微波离子液体微萃取结合 HPLC-DAD 方法检测牛奶中的扑草津、扑灭净和特丁净,方法检测限分别为 1.21 $\mu g \cdot L^{-1}$、1.96 $\mu g \cdot L^{-1}$ 和 0.84 $\mu g \cdot L^{-1}$,添加回收率为 88.4%～117.9%,相对标准偏差低于 7.43%。

近年来,越来越多的研究人员采用 GC-MS 开展三嗪类除草剂的痕量分析。尽管三嗪类除草剂结构相似,但在质谱中可以产生不同的碎片离子,因而此技术在定性分析中具有特殊的优势。Rocha 等建立了一种检测污水中阿特拉津等 5 种三嗪类除草剂的 SPME-GC-MS 方法,检测限为 0.25～0.50 $\mu g \cdot L^{-1}$。Baghcri 等建立了一种测定农田水和河水中的西玛津、阿特拉津等 7 种三嗪类除草剂的 GC-MS 方法,该方法的特点是利用浸没溶剂微萃取方式实现样品的提取与富集,检测限为 0.015～0.400 $\mu g \cdot L^{-1}$,达到美国 EPA 和欧盟关于三嗪类除草剂检测限的规定。Nagarju 等利用 GC-MS 分析了水中阿特拉津、敌草净、西玛津、扑草净、扑灭津、另丁津、仲丁通、西草净 8 种三嗪类除草剂,检测限为 0.021～0.120 $\mu g \cdot L^{-1}$,线性范围为 0.2～200.0 $\mu g \cdot L^{-1}$。对河水和自来水加标样品的检测发现:回收率分别达 85.2%～114.5%和 87.8%～119.4%,可以满足实际样品分析的需要。

张广举等采用 HPLC-MS 检测技术同时检测了西玛津等 11 种三嗪类除草剂的残留量,检测限为 0.001 5 $mg \cdot kg^{-1}$,回收率为 72.4%～99.5%,满足残留检测的要求。李育左等利用 HPLC-MS/MS 同时检测大米中 26 种三嗪类除草剂残留量,检测限为 2.0～4.0 $\mu g \cdot kg^{-1}$,在 10～1 000 $\mu g \cdot L^{-1}$ 范围内线性良好,平均加标回收率为 74%～100%。Bichon 等利用 HPLC-MS/MS 分析了牡蛎中的西玛津、阿特拉津及特丁津等三嗪类除草剂及代谢产物,该方法以加速溶剂萃取、固相萃取和液液萃取多种方式组合进行样品的前处理,检测限为 0.1～14.0 $\mu g \cdot kg^{-1}$,回收率为 29%～75%。王海涛等建立了同时检测粮谷中 26 种三嗪类除草剂残留量的 HPLC-MS/MS 分析方法,最低检出限为 0.25～10.00 $\mu g \cdot kg^{-1}$,线性范围为 1～500 $\mu g \cdot L^{-1}$,在 10～100 $\mu g \cdot kg^{-1}$ 质量分数范围内,加标回收率在 67.9%～102.3%之间。该方法可同时满足进出口粮谷中多种三嗪类除草剂残留的检验需要。

毛细管电泳由于设备简单、分析速度快、经济、溶剂用量少,也是农药残留分析中实用性很强的分析技术。Frias 等将水样经过 SPE 萃取,采用胶束电动毛细管色谱(MEKC)测定 10 种农药,检测限达到 0.05 $\mu g \cdot L^{-1}$,方法快速简便,分辨率高。Li 等采用液—液微萃取和微乳液毛细管电动色谱联用法检测水样品中的阿特拉津、西玛津、莠灭净、扑灭净和特丁净。5 种除草剂的检测限为 $0.41 \sim 0.62\ \mu g \cdot mL^{-1}$，添加回收率为 $80.6\% \sim 107.3\%$。

酶联免疫分析法是近年来快速发展起来的一项实用新技术，在除草剂的检测中也得到应用。与传统的分析方法相比，酶联免疫分析技术具有特异性强、灵敏度高、方便快捷、分析容量大、检测成本低、安全可靠等优点。

邓安平等建立了一种测定土壤中阿特拉津的高灵敏度、高重现性的酶联免疫吸附分析法，检测限为 $0.018 \sim 0.240\ \mu g \cdot L^{-1}$，线性范围为 $0.050 \sim 5.000\ \mu g \cdot L^{-1}$。Stocklein 等利用单克隆抗体 K4E7 建立了一种阿特拉津酶联免疫分析方法，检测限为 $0.2\ \mu g \cdot L^{-1}$。gjarnason 等建立了一种分析阿特拉津、西玛津和特丁津的流动注射酶联免疫分析方法，检测限为 $0.1\ \mu g \cdot L^{-1}$，线性范围为 $0.1 \sim 10.0\ \mu g \cdot L^{-1}$。在酶联免疫分析过程中出现的交叉反应容易降低检测结果的可靠性和灵敏度。虽然此技术尚存在一定局限性，暂时不能完全替代传统的仪器分析技术，但利用酶联免疫分析可对大量的环境样品进行筛选，减少了工作量，接下来再对呈阳性的样品进行常规分析。

2,4-D 丁酯的检测技术已经比较成熟，可参考国标（GB/T 5009.165—2003）。2,4-D 丁酯目前常用的测量方法有高效液相色谱法、气相色谱法和气质联用法。周艳明等建立了气相色谱测定水果中 2,4-D 丁酯残留量的快速检测方法：水果样品经提取、净化、浓缩后，用带有 ECD 检测器的气相色谱仪检测 2,4-D 丁酯的残留量。方法的最低检出限 $0.005\ mg \cdot kg^{-1}$，样品平均添加回收率在 $74.60\% \sim 99.70\%$ 之间，变异系数在 $3.12\% \sim 7.76\%$ 之间。单娟等建立气相色谱—电子俘获检测器快速测定玉米植株和籽粒中乙草胺，莠去津，2,4-D 丁酯在的残留分析方法。方法具有简便，准确的特点，符合残留分析要求。郑志福等建立气相色谱—电子俘获检测器快速测定芦柑果皮 2,4-二氯苯氧乙酸丁酯（2,4-DB）残留量的方法。以乙酸乙酯为溶剂超声波萃取果皮中的 2,4-DB，蒸干后用丙酮定容至 50.00 mL，气相色谱—电子俘获检测器法（GC-ECD）检测方法的检出限为 $0.20\ \mu g \cdot L^{-1}$，定量限为 $1.00\ \mu g \cdot L^{-1}$，加标回收率为 $71.0\% \sim 95.2\%$。刘晓敏等采用高效液相色谱建立检测血液、尿液中 2,4-D 丁酯的分析方法。方法采用正己烷为样品萃取溶剂，色谱柱为 Zorbax SB-Aq 柱，流动相为 $V(甲醇) : V(水) = 60 : 40$，结果 2,4-D 丁酯在血液和尿液中的线性范围分别为 $0.10 \sim 10.00\ \mu g \cdot mL^{-1}$（$r \geqslant 0.9998$）和 $0.08 \sim 8.00\ \mu g \cdot mL^{-1}$（$r \geqslant 0.9995$），检测限分别为 $0.0020\ \mu g \cdot mL^{-1}$ 和 $0.0018\ \mu g \cdot mL^{-1}$，准确度为 $94.5\% \sim 104.5\%$。耿志明等用高效液相色谱法分别从柑橘、荔枝、水和豆芽中测定了 2,4-D 丁酯的残留量,建立了测量流程和具体方法。王立媛等采用 QuEChERS 法净化,建立气相色谱—质谱法同时测定果蔬中 2,4-D 甲酯、2,4-D 乙酯、2,4-D 丁酯 3 种植物生长调节剂。该方法的线性范围为 $0.25 \sim 5.0$ mg·L^{-1},相关系数均为 0.999 9,定量限和检出限分别为 0.01 和 0.003 mg·kg^{-1},在样品中添加 $0.01 \sim 0.10$ mg·kg^{-1} 的 2,4-D 甲酯、2,4-D 乙酯、2,4-D 丁酯标准溶液,平均回收率为 86.7% ~ 95.4%,相对标准偏差为 5.4% ~ 8.4%。扎西次旦等建立气相色谱—串联质谱(GC-MS/MS)测定青稞植株,籽粒和生壤中 2,4-D 丁酯残留分析方法。该法检出限为 0.03 mg·L^{-1},线性范围为 $0.01 \sim 0.10$ mg·L^{-1},线性相关系数 0.996,加标回收率为 92.8% ~ 109.6%,相对标准偏差 RSD 为 2.3% ~ 8.2%。

　　免疫学检测法是基于抗原抗体特异性结合反应的原理来检测各类靶标的分析方法。它能够克服理化检测方法的缺点,而且具有特异、敏感、快速、准确的特点,近年来广泛应用于动物疾病、药物残留和农药残留的检测领域,是快速检测领域发展的方向。近年来,没有显著毒害作用的酶联免疫吸附试验(ELISA)和胶体金免疫分析(GICA)应用日益广泛,尤其是 GICA,以其方便、敏感、特异、无污染的特性,特别适合于兽药残留的现场检测,代表着兽药残留免疫分析的发展方向。余若祯等制备了 2,4-D 丁酯的人工抗原,通过碳酸二乙酯(DEC)的偶联反应条件优化试验,合成了多种结合比的完全抗原,制备了小分子环境污染物的多克隆抗体。Cuong 等用试纸检测 2,4-D,此方法与酶示踪技术相结合,2,4-D 的质量浓度在 $0.5 \sim 100$ μg·L^{-1} 时都能被检出,此法可以用于 2,4-D 实际水样的检测,灵敏度可以和加标水样相媲美。

　　Pilar 等用 SMPE-GC-MS 测定了婴儿食品中甲氧基丙烯酸甲酯类杀菌剂的残留量的方法。Lehotay 等应用液—质联用仪和气—质联用仪,对果蔬中的啶氧菌酯等 229 种农药残留进行了检测和分析。李海燕建立了一种用高效液相色谱测定 22.5% 啶氧菌酯悬浮剂的分析方法。采用 ZORBAX SB-C18 色谱柱,以乙腈—水为流动相,流速为 1.0 mL·min^{-1},柱温 30℃,检测波长为 245 nm。方法的线性相关系数为 0.999 9,RSD 为 0.28%,平均回收率为 100.3%。段丽芳等建立了西瓜和土壤中啶氧菌酯检测方法的残留检测方法。西瓜样品用乙腈提取,离心后用气相色谱 ECD 检测器检测,在添加 $0.05 \sim 1.00$ mg·kg^{-1} 水平时,啶氧菌酯在土壤、全瓜和瓜瓢中的添加回收率分别为 85.4% ~ 90.7%、91.2% ~ 94.9%、89.3% ~ 92.9%;RSD 分别为 6.6% ~ 10.6%、7.1% ~ 9.3%、7.3% ~ 11.3%;检出限均为 0.01 mg·kg^{-1}。胡贝贞等应用高效液相—串联质谱的方法检测出了粮谷中 9 种氨基甲酸酯类农药残留。

目前常用的光谱技术有紫外分光光度法、红外光谱法和荧光光谱法。在通常情况下,农药经过紫外光的照射,可以发出特有的荧光光谱,用以表征农药浓度,由于每种农药的分子结构都不同,产生的光谱也是各有不同,其谱图的差异可用于鉴别农药种类。王玉田等建立了三维荧光法检测氨基甲酸酯类农药的方法,实验研究了苯菌灵、西维因、灭多威的荧光特性,用自制仪器检测出了克百威和西维因的含量,印证了三维荧光法的可行性。朱海霞、杨新安等建立了流动注射化学发光分析法测定水样中啶氧菌酯的方法,实验原理是基于啶氧菌酯对鲁米诺—高锰酸钾化学发光体系的增敏作用。实验测定啶氧菌酯的线性范围为 $1\sim100\ mg\cdot L^{-1}$,方法的检出限为 $5\ ng\cdot mL^{-1}$,相对标准偏差为 1.8%。

生物分析方法包括生物传感器法、酶抑制法、免疫分析法、生物芯片技术等,张昊等建立了生物荧光传感器的方法,可用于检测环境水样中的氨基甲酸酯类农药残留,这种生物传感器是增强型绿色荧光蛋白基因与对氨基甲酸酯类农药有特异性响应的功能基因连接而成的。通过对这类农药降解菌 H5 基因组文库的构建,即可筛选出对其有特异性响应的功能基因的调控序列。该方法的回收率达到 100% 左右。张奇等利用酶联免疫吸附分析方法(ELISA)对氨基甲酸酯类杀虫剂速灭威进行了快速的定量测定,实验可得,方法的线性范围为 $1\sim10\ 000\ \mu g\cdot L^{-1}$,检出限为 $0.08\sim0.10\ \mu g\cdot L^{-1}$。在稻谷中的平均回收率达到了 93.4%。柴燕等基于丝网印刷技术,制备了两种酶传感器(AChE/PB-MWCNTs/SPEs 和 AChE/PB-Pt/SPEs),可满足对环境样品中的氨基甲酸酯类农药残留的检测。

目前,针对酰胺类除草剂残留的分析检测方法主要有气相色谱法(gaschromatography,GC)、气相色谱—质谱联用法(gaschromatography - massspectrometry,GC - MS)、高效液相色谱法(highperformanceliquidchromatography,HPLC)、液相色谱串联质谱法(liquidchromatography - tandemmassspectrometry,LC-MS/MS)、毛细管电泳法(capillaryelectrophoresis,CE)等。尽管气相色谱方法能实现对大部分除草剂的分析,但如果样品中含有热不稳定的除草剂或极性较强的代谢产物时,高效液相色谱则是更好的选择。

2.2　小米

小米(Setariaitalica),又称粟米,是禾本科狗尾草属一年生草本"粟"(也称"谷子")的种仁,直径约 1 mm,属杂粮作物,是世界上最古老的农作物之一。小米的生育期短且抗逆性强,籽粒易于储藏,故主要种植区为干旱贫瘠、对粮食需求量较大的非洲中部、东南亚、中亚等地,我国小米产量居世界第一,占总产量的4/5。小米是一种药食两用的优质杂粮,富含蛋白质、糖类、脂肪、多种维生素及矿物质,营养素配比合理,人体消化利用率高,随着人们对绿色、健康生活的追求,以小米为主要原料的复合新型食品,以及对小米功能成分(如多肽、多酚、黄色素等)的提取、纯化、加工已具备成熟的技术并逐步向产业链方向发展,小米的药用以及功能性食品开发的价值得以体现。

粳小米即常称的小米,未去壳前为谷子,秆壳有白、红、黄、黑、橙、紫等,俗称"粟有五彩",遗传特性和种植环境是影响米色的重要因素,随着海拔增高米色加深,在适宜且多雨的环境下谷子色泽光亮,不同品种小米的色素成分与含量不同,可分为黄小米、白小米、黑小米及绿小米等。黄小米是最常见的小米,淀粉的平均消化吸收率高达99%以上,膳食纤维含量高,熬汤可巩固小肠功能,养心安神,还可酿制小米酒、加工饴糖等。除食用外,黄小米中的黄色素可被提取用作天然色素应用到食品工业中。黑小米含有稳定的天然黑色素,具有良好的稳定性和抗氧化能力,且蛋白质、油脂和矿物盐(铁、铜、锌)等方面都优于普通黄小米。黑小米具有黑色作物普遍具备的治疗贫血、防止动脉粥样硬化、抑制肿瘤活性等功效,可作为老年人保健食品。绿小米是吉林省国家级农业科技园区选育出的新品种,除了小米中共有的营养成分外,还存在一种独特的功能物质辅酶Q10,常食可起到调节血糖、降血脂、提高机体免疫力、预防心血管疾病等作用,是一类营养型、功能型米种。由于初加工小米产品不需过度精制,从而保存了许多的营养物质,所以针对小米的功能食品开发也是极具潜力的。

根据小米的感官特性习惯上分出糯小米,但常见的糯小米一般指穄子(*Panicummiliaceum* L.),是与小米同属禾本科,但为黍属(*Panicummiliaceum*)的一年生草本第二禾谷类作物。穄子籽实为"黍",淡黄色,磨米去皮后称"黄米",直径大于粟米,故部分地区也称"大黄米"。穄子生育期短,耐旱、耐瘠薄,是干旱半干旱地区的主要粮食作物之一,蛋白质质量数为12%左右,最高可达14%,脂肪质量分数为3.6%,淀粉质量分数为70%左右,其中的直链淀粉含量很低。此外穄子还含有β-胡萝卜素、维生素 E、维生素 B_6、B_1、B_2 等多种维生素和丰富的钙、镁、磷、铁、锌、铜等矿物质元素。穄子是著名的陕北米酒的原料,磨成面粉还可做糕点,如陕北的炸糕、枣糕等,有独特软糯香甜的口感。

2.2.1　小米的营养物质

小米属于常见的杂粮之一,碳水化合物含量低于大米、小麦和玉米。Qi 等研究比较了我国 8 个小米品种的淀粉成分,发现小米的直链淀粉质量分数在16.8%~26.8%,抗性淀粉质量分数约为 2.9%。淀粉中直链淀粉和支链淀粉的比例对小米的食用品质及加工性能有直接影响,直链淀粉含量低则小米糯性强,不易糊化。与玉米淀粉相比小米淀粉的综合糊化性能(凝胶稳定性、持水力、膨胀力、糊化温度、热焓)更好,但透明度低、冻融稳定性和热稳定性较差。除淀粉外,小米其他碳水化合物种类还包括还原糖(0.46%~0.69%)、纤维素(0.7%~1.8%)、戊糖(5.5%~7.2%)等,小米的水溶性多糖主要是阿拉伯糖和木糖,还有少量的甘露糖和半乳糖以及葡萄糖。小米中含有的优质膳食纤维约为大米的2.5 倍,特别是谷子麸皮富含大量优质膳食纤维,通过结合多酚恢复小鼠肠道菌群稳态,有抑制癌症的效果。郑红艳采用酶辅助法提取小米麸皮中的膳食纤维,在糯性小米麸皮中得到的膳食纤维含量大于 92%,在非糯性小米麸皮中得到的膳食纤维含量达 86%,两种膳食纤维均能明显的吸附胆固醇,因此可作为保健因子添加到食品中提高产品的附加值。

从营养角度来评价食物蛋白质品质,主要是必需氨基酸比例是否满足人体所需。小米蛋白质(包含清蛋白、球蛋白、醇蛋白和谷蛋白)是一种低过敏性复合蛋白,质量分数约为 10%,消化率约为 85%,生物价为 57,高于小麦和大米,适合孕产妇和婴幼儿食用。对小米蛋白进行营养评价,发现小米蛋白中氨基酸种类齐全,含有人体必需的 8 种氨基酸,除赖氨酸含量偏低外,其他氨基酸的比例均符合世界卫生组织的推荐,达到了全价蛋白的标准。多肽是酶解蛋白质产生的一类无毒副作用的小分子物质。以碱性蛋白酶制备的小米多肽具有较好的抗氧化性,能够缓解疲劳,增强机体免疫力。Amadou 等从副干酪乳杆菌(*Lactobacillus paracasei*)发酵的小米粉中分离纯化得到的肽(FFMp)具有较强的抗氧化能力,还可以抑制大肠杆菌的生长。用胰蛋白酶水解小米蛋白得到的多肽能够清除自由基。以小米为原料,采用挤压和发酵方法制备食源性活性多肽,具有较强的血管紧张素转换酶(ACE)抑制活性、DPPH 自由基清除能力和铁离子还原能力。小米糠中还分离得到了一种具有抗结肠癌作用的蛋白质 FMBP。综上,小米含有较为优质的蛋白质以及多肽,有利于人体健康。

小米脂肪含量与品种及产地有关,主要的脂肪酸都包括饱和脂肪酸、单不饱和脂肪酸和多不饱和脂肪酸。与常见的植物油脂相比,小米油的皂化值略低,说明组成小米油的脂肪酸相对分子质量更大;小米油的碘值和油酸值较高,说明小米油中不饱和脂肪酸含量偏高。油酸具备一定的软化血管、调节新陈代谢功能,而不饱和脂肪酸可以强化细胞膜功能、平衡脂蛋白、维持细胞因子稳态以及预防心血管病。小米谷糠(果皮层、糊粉层和胚)是谷子加工过程中的副产物,按加工工序分为细糠和抛光粉,混合后即为小米全糠或小米胚,占谷子质量的 8% ~ 10%。谷糠多作为粗饲料,少数焚烧后作草木灰还田,造成严重的资源浪费。事实上,小米糠是一种重要的膳食纤维资源,同时富含人体所需的 8 种必需氨基酸,与非必需氨基酸比例接近理想蛋白质。小米糠的含油量高达 10% 以上,优质的不饱和脂肪酸占比大于 70%,其中,亚油酸与 α-亚麻酸的比例为 6.5∶1,符合 WHO 推荐的(5∶1) ~ (10∶1)的标准。小米糠油中含有多种抗氧化剂,如组分齐全的 8 种维生素 E(包括 α-生育酚和 γ-生育酚)、谷维素、甾醇(含量为谷甾醇>谷甾烷醇>角鲨烯)等,能有效地降低血液中胆固醇、抑制黑色素生成并且抗氧化。小米糠油的提取方法有传统的溶剂提取法和压榨法,最新研究的超临界 CO_2 萃取技术可最大限度地保留其营养价值。另外,小米糠油具有祛风、止痒、收敛的功效,与其他药品配合治疗真菌性皮肤病。综上可见,小米谷糠油不仅营养价值高,提高小米附加值,其加工还能有效利用农业废弃资源,具有很强的开发潜力。

维生素是一类具有生物活性的低分子微量有机物,参与生物生长代谢所涉及众多生理过程,而大多数维生素不能在体内合成,必须从食物中获得。小米中维生素含量多且种类丰富,维生素 B_1 的含量高于一般作物,且含有一般粮食中缺少的胡萝卜素,维生素 E 含量高于玉米和小麦,除此之外,小米中还富含维生素 A、维生素 D、维生素 C、维生素 B_9、维生素 B_{12} 等。相较于大米,谷子中的矿物质种类丰富且全面,更是一种重要的富硒作物,平均硒含量为 71 $\mu g \cdot kg^{-1}$,复合国家规定的富硒作物标准。利用微波消解—电感耦合等离子体发射光谱(ICP-AES)法测定小米、高粱米中各金属元素,并与大米做比对,结果显示小米中钾、钠、镁、钙、锌、铝、铜元素为大米中相应元素的 2~7 倍,尤其是铁元素丰富,故小米有一定的补血功效,常用于保健和医疗,可与其他谷类粮食搭配食用充分发挥其优点。

小米相比其他粮食作物含有更加丰富多样的多酚类物质,且生物学活性较高,可以直接加工为保健品,也可以添加到食品中提高附加值。小米多酚提取物总抗氧化能力要高于杂粮中的薏苡和豆类,对 DPPH 自由基、ABTS 自由基、超氧阴离子自由基均有较好的清除能力。研究证实,小米中的酚类提取物可以显著抑制人肝癌细胞和乳腺癌细胞的增殖,从小米麸皮中分离得到的内壳性结合多酚还可以诱导人结肠癌细胞的凋亡。Sharma 等研究发现,小米多酚对金黄色葡萄球菌、肠膜明串珠菌、蜡状芽孢杆菌和粪肠球菌的生长均有一定的抑制作用,且小米种皮多酚提取物对蜡样芽孢杆菌和黄曲霉生长的抑制和抗氧化活性效果优于小米全粉多酚提取物。小米种皮中的多酚还可以抑制醛糖还原酶的活性,从而预防白内障。魏春红等利用酶法辅助提取小米多酚,具有条件简便、耗时较短、反应条件温和、经济成本低与高效率的特点,有助于小米的深加工利用。

胡萝卜素为天然的抗氧化物质,可以保护视觉细胞和上皮细胞,治疗口腔溃疡和皮肤病,还能淬灭体内多余的自由基,而小米黄色素就是一种天然的类胡萝卜素,主要成分是叶黄素(3,3'-二羟基-α-胡萝卜素)、玉米黄素(3,3'-二羟基-β-胡萝卜素)、隐黄素(3-羟基-β-胡萝卜素)和 β-胡萝卜素等。小米黄色素具有一定的耐热、耐还原和耐氧化特性,但光和酸性条件下不稳定,不溶于水,易溶于有机溶剂,张晨萍等采用微波法辅助提取小米黄色素,提取率高且稳定性好。小米黄色素主要应用于食品领域,可作为天然食品着色剂用于多种食品、饮料及糖果的着色,效果好且安全无毒,还具有一定的保健功能。另外,黄色素添加进饲料,可以沉积在禽肉脂肪和禽蛋卵黄中,使其呈现金黄色泽,提升感官品质,迎合消费者的喜好。

2.2.2　小米产品

小米种植历史悠久、范围广且产量大,中医亦讲小米"和胃温中",认为小米粥具有健胃除湿、补虚安睡、滋阴养血等功效。小米根据加工利用程度可分为初级加工和深加工,初级加工产品包括小米粥和小米饭、小米面食、谷子饲料等,还包括谷糠、谷子秸秆等非食用副产品;谷子的深加工产品包括速食小米粥、冲剂小米粉、小米黄酒,以及提取到的黄色素、米糠膳食纤维等。为了满足近年来大众对于食品多样化、营养化、便携化的追求,小米复合食品应运而生,陈守超等在小麦粉中混入包括小米在内的杂粮粉开发小杂粮酸奶松饼;杨利玲将小米粉和燕麦粉按一定比例替代部分面包粉制作小米燕麦粗杂粮面包,有独特的风味,并兼有小米和燕麦特殊的营养价值;在普通黄油饼干中添加一定比例的小米粉,可降低对加工工艺的要求,同时小米丰富的膳食纤维还减小了黄油饼干中多余油脂和糖分在肠道中的吸收,减少了热量负担。以小米为主要原料,经浸润、蒸制、拌曲、发酵、压榨、过滤等工序酿制而成的酒为小米酒,带有醇厚的米香。小米酒中的碳水化合物主要是发酵产生的单糖和低聚糖,维生素、矿物质等营养物质主要来自长时间发酵过程中的大量酒曲自溶,小米酒 pH 值在 3.5~4.5 之间,此酸性条件下金属元素以有机盐形式存在,极易被人体吸收。《本草纲目》记载:"诸酒醇醨不同,惟米酒入药用",这里的"米酒"就是小米酒,适当饮用可以帮助动脉血管扩张,促进血液循环和降血压,小米酒还有通肠胃、润皮肤、养脾气、护肝、除风下气等疗效,药用价值高。目前还研制出了风味小米酒,如猴头菇小米酒、陕北风味香菇小米酒、柿子枸杞酒等,满足不同年龄和口味消费者的需求。

速食产品能最大限度地保持原料的原生态,兼顾营养价值和食用方便性。司俊玲等对小米速溶粉的工艺进行了优化;Onyango 等将玉米、小米浆与柠檬酸或乳酸混合发酵后挤压膨化,研制出低纤维、低丹宁的断奶期儿童营养食品;牛宇等采用高压蒸煮与冷冻干燥结合的方法研制速食小米粥,兼具调溶性、复水性及口感;任建军研究小米方便米饭,在最佳的工艺条件下产品复水率高,品质优良;Rathi 利用脱色小米制作通心粉,感官品质明显提高,且蛋白质消化率和淀粉消化率分别比未脱色小米通心粉高 6.56% 和 16.9%。当然,单独的小米速食产品存在一定的营养缺陷,可以通过搭配其他食物进行均衡,李响等对小米绿豆速溶粉的制备工艺进行了优化;王效金等制作小米山药混合粉并进行了品质分析;Calvin 等在木薯粥中添加小米粉,综合提升了产品的营养价值、感官特性和淀粉消化率。多样的小米速食产品极大地方便了人们的生活,满足了大众对于便捷美味食物的需求。

谷物发酵保留了其原有的营养价值,大分子物质如淀粉、蛋白质、不溶性纤维等通过酶或者微生物的作用被降解,可增加有利于人体的益生元,同时改善了粗糙的口感和较差的稳定性。最常见的小米发酵产品为谷物发酵饮料,小米可以单独作为原料进行酵母菌和乳酸菌发酵,还可以添加氮源(大豆分离蛋白)生产富含 L-乳酸的小米发酵饮料;将小米与牛乳结合,有利于发酵菌的生长,同时实现植物蛋白和动物蛋白的互补。在此基础上,小米与其他原料(如豆类、果蔬等)进行复配,如新型红茶口味固态发酵乳、绿豆小米酸奶、苦荞米小米酸奶、小米红枣酸奶、燕麦小米酸奶、新型小米南瓜香蕉混合发酵饮料等,另外,还进行了对酶解法生产小米饮料的工艺优化,以及无醇小米饮料的研制。除了谷物饮料,小米发酵同样应用于其他食品中,马丽媛等利用多种酶对添加了豆类、燕麦等杂粮的小米粉进行水解,制得了口感佳、营养价值高的杂粮米粉;赵瑞华等将香菇孢子进行培养和糖化,小米进行浸渍、蒸煮和糖化,之后对香菇和小米的复合糖化醪进行酒精发酵和醋酸发酵,在传统食醋酿造工艺的基础上开发出一种新型保健醋;张桂英等利用自然发酵法制备发酵剂,用其发酵的小米糕色泽金黄、酸甜适中、口感弹糯;张秀媛等在小米中接种红曲霉,相比于传统的籼米红曲,小米红曲具有色价高、质量好、发酵周期短等优点,且抗肿瘤活性得到了体内和体外的实验证明。

谷子平均硒含量为 71 μg · kg^{-1},是一种富硒农作物,所含的硒元素以有机硒的形式存在,谷子籽粒中的硒含量受土壤及品种的共同作用,且土壤硒含量对小米硒含量的影响大于遗传因素,也就意味着小米具有较强的栽培可塑性,选择适宜的种植区域对提高小米硒含量效果明显,可以弥补因品种差异而引起的硒含量的不稳定缺陷。谷子种植覆盖率排名前三的生产大省(山西、河北、内蒙古)都属于缺硒地区,导致在谷子的优势主产区却不能最高效的生产富硒小米,但可在保存的超过 2 万份谷子资源中筛选富硒品种,或利用先进培植手段,将外源硒富集技术用于低硒地区富硒小米的培育,目前已经取得一定进展,且开发出富硒的小米营养粉、小米醋、小米酒、谷子饲料等深加工产品。小米中氨基酸比例与品种、种植环境、加工方式、种子萌发都有很大关系,可以通过选择高质量种子培育赖氨酸强化品种,并在培育中注意肥料、种植土壤和时间等因素来解决小米的赖氨酸缺陷问题。外源补充剂可以强化小米中的赖氨酸,如卫天业等利用涂膜等复合方法,将南瓜、红枣等营养物以及赖氨酸、硒等营养元素附着于小米表层,强化了小米的营养。发酵过程可以提高产品中的赖氨酸含量及利用率。另外,小米与富含赖氨酸的食品搭配可以实现氨基酸互补如豆类、乳品等。最后,可利用高温、高压、挤压、膨化等加工方式部分降解小米中的蛋白质,增加游离氨基酸含量,更易于人体吸收。

2.2.3　小米中典型化学污染物分析现状

1. 除草剂

小米属于草本植物,植株比较低矮,在小米的种植过程中主要使用的农药有除草剂、杀虫剂、杀菌剂,以保证小米的产量及免遭受虫害。在除草剂方面主要使用的有酰胺类除草剂、三嗪类除草剂等,杀虫剂主要使用的是有机磷类杀虫剂、有机氯类杀虫剂等。这些农药残留量低,一般分析检测时需要进行前处理,主要包括固相萃取、分散液液微萃取、QuEChERS 技术。

固相萃取(solid phase extraction,SPE)是从 20 世纪 80 年代中期开始发展起来的一项样品前处理技术,是基于固定相对样品中的目标组分进行选择性吸附,使样品基质和干扰组分分离,再通过溶剂选择性洗脱或热解吸,实现目标组分富集或样品净化。张海超等构筑了以甲基丙烯酸丁酯为单体,乙二醇二甲基丙烯酸酯为交联剂的疏水在线整体柱,运用在线固相萃取程序,实现了大米中 15 种酰胺类除草剂的残留检测,该方法检出限和定量限分别为 $0.2 \sim 2.0\ \mu g \cdot kg^{-1}$ 和 $0.5 \sim 5.0\ \mu g \cdot kg^{-1}$。通过不同实验的比较发现,对于不同样品的固相萃取过程在固相萃取柱的选择上存在一定差异。

分散液液微萃取技术(dispersive liquid-liquid microextraction, DLLME)是指微量萃取剂在分散剂作用下形成有样品的乳浊液体系,使目标分析物快速浓缩溶解在萃取剂液滴里。该技术极大地减少了有机溶剂的用量,缩短了前处理的时间。苗雪雪等采用分散液液微萃取—气质联用法测定牛奶中酰胺类除草剂的残留,实验最终确定四氯化碳作为萃取剂,甲醇作为分散剂。在最优实验条件下,4 种酰胺类除草剂的质量浓度在 $0.05 \sim 5.00\ mg \cdot L^{-1}$ 范围内具有良好的线性相关,相关系数 $R^2 \geqslant 0.997\ 8$。检出限在 $0.8 \sim 1.4\ \mu g \cdot L^{-1}(S/N=3)$ 范围内。4 种目标物在低、中、高 3 个不同浓度水平下的加标回收率为 $60.7\% \sim 105.7\%$,RSD 为 $1.6\% \sim 8.3\%$。

QuEChERS 是固相萃取(SPE)和基质固相分散萃取(matrix solid-phase dispersion extraction, MSPD)的衍生和发展,由 quick、easy、cheap、effective、rugged、safe 单词的缩写组成。该方法主要利用吸附剂填料与基质的杂质相互作用,吸附杂质从而达到除杂净化目的。

常用的检测方法包括凝胶渗透色谱、气相色谱法、高效液相色谱以及联用技术。凝胶渗透色谱法(gel permeation chromatography, GPC)是基于体积排阻的分离机制,通过具有分子筛性质的固定相进行分离。与其他前处理方法相比,具有净化容量大、柱子可重复使用、适用范围极广等优点。邱世婷等应用 BioBeadsS-X3 净化柱(700 mm×25 mm),在流动相为环己烷+乙酸乙酯$(1:1, V:V)$的条件下,结合 PSA 辅助净化,测得最终样品的线性范围为 $5 \sim 50\ \mu g \cdot L^{-1}$,检出限为 $6 \sim 60\ \mu g \cdot kg^{-1}$,回收率在 $99.4\% \sim 117.2\%$ 之间,$RSD(n=6)$ 为 $2.3\% \sim 6.5\%$。

气相色谱法是以气体为流动相的色谱分析法,试样经气化后由载气携带进入色谱柱,基于固定相对试样中各组分的吸附保留能力不同完成分离。该方法适用于热稳定性好、分子量小、易挥发性或半挥发性物质的痕量分析。张妮娜采用氢火焰离子化检测器—气相色谱法建立了地表水中甲草胺和乙草胺残留的测定方法,使用分散液液微萃取两种目标物,在 $0 \sim 50\ \mu g \cdot L^{-1}$ 范围内线性关系良好,回收率为 $92.6\% \sim 105.3\%$。陈杏俞等采用气相色谱法测定了玉米中莠去津及 6 种酰胺类除草剂残留量,试样采用乙酸乙酯+环己烷萃取,并用弗罗里矽柱净化,7 种除草剂的最低检出限为 $0.003\ \mu g \cdot mL^{-1}$,回收率为 $88.0\% \sim 106.0\%$,

相对标准偏差为 3.4% ~ 6.9%。气相色谱法在部分或少量酰胺类除草剂残留的分析中,具有操作简便、灵敏的定性定量分析优势。但气相色谱法只适用于热稳定性好、分子量小、易挥发性或半挥发性物质的痕量分析,分析物的范围较窄,目前在酰胺类除草剂检测中应用较少。

气相色谱—质谱联用技术结合了气相色谱对混合物的高效分离能力和质谱对纯物质的准确鉴定能力。质谱利用目标物产生的碎片离子能够更好地提供物质的结构信息,排除杂峰的干扰,具有高灵敏度和高选择性,广泛应用于复杂组分的分离鉴定。由于其对农残物尤其是农药代谢物、降解物和多残留等检测具有突出的优点,而广泛应用到食品安全、石油化工、环境保护、医药卫生和生命科学等领域。邓永丽等建立了大米中 10 种酰胺类除草剂快速测定方法,实验用含有 1% 乙酸的乙腈溶液提取,采用改进的 QuEChERS 法净化大米样品,取上清液氮吹近干,并用正己烷复溶。10 种目标物的平均回收率为 82.9% ~ 107.9%,检出限均小于 9 μg·kg^{-1}。

与气相色谱法相比,液相色谱法是以液体作为流动相的色谱分析方法,具有分离效率高、通用性强等优点。经典液相色谱法用大直径的玻璃管柱在室温和常压下用液位差输送流动相,柱效低、时间长,20 世纪 60 年代后期填料制备技术、检测技术和高压输液泵性能不断改进,产生了高效液相色谱法(HPLC),液相色谱得到迅速发展,高效液相色谱法对一般液体样品均能进行分析,而且适宜分析挥发性低、热稳定性差、相对分子质量大的高分子化合物以及离子型化合物,如维生素、抗生素、有机酸、农药等。Li 等用丙酮提取、弗罗里硅土柱净化后,经二极管阵列检测的高效液相色谱(high performance liquid chromatography - diodearray detection,HPLC-DAD)分析检测大豆中 12 种酰胺类除草剂的残留。张翠华等利用 HPLC 测定土壤中乙草胺和广灭灵残留,平均回收率分别为 95.09% 和 95.50%。在目前实验中,由于 HPLC 仪器的灵敏度低,无法满足痕量测定要求,逐渐被高精密度的液相色谱—质谱联用法取代。赵风年等利用 1% 甲酸—乙腈提取玉米中多菌灵、吡虫啉、乙草胺和异丙甲草胺,采用 PSA 和 C18 共萃取净化。结果表明:玉米基质中这 4 种农药在 0.5 ~ 100 μg·kg^{-1} 浓度范围内具有很好的线性关系,相关系数 $R^2 > 0.995$。加标回收率为 88.0% ~ 112.0%,相对标准偏差(RSD,$n = 5$)≤9.5%。

液相色谱—质谱联用法将高分离能力、适用范围极广的色谱分离技术与高灵敏、高分辨的质谱法结合,可以测定 GC-MS 不适宜分析的强极性、难挥发、热不稳定性的化合物,拓宽了分析化合物的范围,有效避免了单一色谱法易出现假阳性的问题。Hostetler 等分别建立了液相色谱法（LC）和液相色谱—质谱法（liquidchromatography-massspectrometry, LC-MS）测定水中酰胺类除草剂代谢物残留检测方法。LC 和 LC-MS 的回收率分别为 84%～112%、81%～118%，定量限分别为 0.20 $\mu g \cdot L^{-1}$、0.05 $\mu g \cdot L^{-1}$。实验结果显示，LC-MS 的准确度更高。陶波等使用超高效液相色谱—串联质谱法同时测定了绿豆和赤小豆中 10 种农药及其代谢物残留，样品经乙腈提取，PSA 净化。结果显示，异丙甲草胺的定量限为 0.5 $\mu g \cdot kg^{-1}$。在不同加标水平下，10 种物质的回收率在 90.2%～110.0% 范围内。李菊颖等基于液相色谱—串联质谱技术，快速检测了玉米粉中乙草胺与异丙甲草胺等农药含量，在 MRM 模式下，利用基质匹配工作曲线法进行定量分析。4 种农药在 0.005～1.000 mg $\cdot L^{-1}$ 浓度范围内均具有良好的线性关系（$R^2 \geqslant$ 0.998）；方法检出限（limitofdetection, LOD）为 0.001～0.26 $\mu g \cdot kg^{-1}$；定量下限（limitofquantitation, LOQ）为 0.004～0.867 $\mu g \cdot kg^{-1}$。陈晓英等采用高效液相色谱—串联质谱法对粮谷中 18 种农药残留进行检测，样品经乙腈提取后中性氧化铝柱净化；C18 柱分离，使用 0.1% 甲酸—乙腈梯度洗脱，18 种农药在各自范围内线性关系良好，其中 11 种农药的 $R^2 > 0.999$，其他的 $R^2 > 0.99$。综上所述，该方法操作简便、分析速度快，同时具有高选择性以及高灵敏度等优点，目前在农药多残留检测上得到广泛应用。

2. 有机磷农药

传统测定有机磷农药的方法中，样品前处理大多采取固—液萃取，液—液萃取，吸附柱分离（氧化铝、硅胶、活性炭等），萃取、净化时间长，溶剂用量大。日本 Yamada 等用丙酮、乙酸乙酯代替二氯甲烷萃取农作物中有机磷农药，用 GC/MS 定性、定量。此外一些新的提取、净化技术也应用于有机磷检测中。

Norman 等用超临界流体提取、SPE 净化、气相色谱法检测玉米和小麦中的有机磷残留量，二嗪磷、毒死蜱、杀螟硫磷、马拉硫磷等十几种农药的回收率在 80% 左右。龙苏等采用固相萃取技术对样品进行预处理，利用气相色谱技术同时检测大米样品中甲胺磷、敌敌畏、乐果三种有机磷农药残留量。Simplicio 等采用 SPME-GC-FPD 联用方法测定水果和果汁中有机磷农药，实验表明对于水果及果汁基体中所有农药，该方法检测限在 2 $\mu g \cdot kg^{-1}$ 以下。在 25～250 $\mu g \cdot kg^{-1}$ 的浓度范围内，果汁中每种农药残留的平均回收率在 75.9%～102.6% 之间。GPC 根据体积排阻的原理将不同分子量的物质进行分离，应用于脂类提取物与农药的分离，是含脂类食品农药残留分析的主要净化手段。被用于从肉、鱼的萃取液中分离有机磷和多氯联苯，净化萃取液。HONG 用溶剂萃取，Bio-

BeadsS-X3GPC 净化,GC-ECD 和 NPD 测定大豆和大米样品中残留的 25 种农药,并用 GC-MS-SIM 确证分析。Sannino 用 Bio-BeadsS-x3GPC 净化,分析了脂质食品中 39 种有机磷农药极其代谢产物,并以 GPC-MS-SIM 进行确证和定量。凝胶净化系统对食品中的脂质能很好地分离,但是对色素等物质却不能完全去除。

2.3　黑豆

黑豆(GlyeineSojaSieb. etZucc)为豆科植物的种子,也习惯称马豆、冬豆子、黑大豆,因其种皮呈黑色而得名。主要产于中国、日本、韩国、美国等地区。由于具有耐旱、耐瘠、适应性广、营养价值高等特点,在中国的大部分地区都有栽培,尤其在自然条件或生产条件较差的地方种植更多。黑豆和黄豆都属于大豆家族,只是品种上的差异,据统计,在中国栽培品种就有 2 800 余种且广泛分布于 27 个省、市,但其营养成分大同小异。其共性在于黑豆和黄豆都含有丰富的蛋白质、钾、镁、钙、B 族维生素等营养物质,以及可溶性膳食纤维和异黄酮类保健物质。只是黄豆中含有少量胡萝卜素,而黑豆中含有叶绿素和黑色素等花色苷类物质,同时黑豆的蛋白质、钙、锌、维生素含量比黄豆也略高,这使得它在清火、利水、抗氧化等方面的作用更明显,故而黑豆营养价值更高。

黑豆中蛋白质、氨基酸、脂肪、维生素、微量元素和粗纤维的含量丰富。其中蛋白质含量高的可达48%以上,居豆类之首;黑豆含有18种氨基酸,特别是人体必需的 8 种氨基酸平衡性好,蛋氨酸含量比黄豆略高;脂肪含量达 15%,以不饱和脂肪酸为主,占脂肪酸总量的 80% 以上,其中必需脂肪酸亚油酸含量占 55% 以上,吸收率高达 95% 以上,除能满足人体对脂肪的需要外,还有降低血中胆固醇的作用。

黑豆中微量元素如锌、铜、镁、钼、硒、氟等的含量都很高,而这些微量元素对延缓人体衰老、降低血液黏稠度等非常重要。黑豆中的粗纤维可以促进消化,防止便秘发生。黑豆中还含有异黄酮类——大豆黄酮苷和染料木苷;皂苷——大豆皂醇 A、B、C、D、E 5 个苷元。具有对人体有益的生理生化作用,如黑大豆所含皂甙有抑制脂肪酸吸收,促进其分解的作用及预防肥胖的功效。黑豆中的多糖成分还可以促进骨髓组织的生长,刺激造血功能的再生。此外还含胆碱、叶酸、亚叶酸、泛酸、生物素、谷胱甘肽、维生素 B_{12}、唾液酸。

黑豆味甘性平,具有祛风除热、调中下气、解毒利尿、补肾养血的功能。既能补身,又能去疾,药食咸宜。黑豆皮为黑色,含有花青素,花青素是很好的抗氧化剂来源,能清除体内自由基,具有养颜美容,增加肠胃蠕动。黑豆含有丰富的维生素,其中 E 族和 B 族维生素含量最高,维生素 E 的含量比肉类高 5~7 倍,维生素 E 还是一种抗氧化剂,能清除体内自由基,减少皮肤皱纹,保持青春健美。

目前,由于黑豆成分不断地被分离出来,其成分的功能性也受到研究者的广泛关注。如在抗癌、抗氧化、降血糖、增强记忆力等方面都在进行研究。KwonSH 等对大鼠进行高脂膳食实验,研究表明,黑豆种皮中提取的花青素具有抗肥胖、降血脂的功效。HungYH 等采用沙门氏菌的 4-硝基喹啉-N-氧化物直接诱变和间接诱变的诱变性和抗诱变性检测法,检测几种真菌发酵黑豆提取液的抗诱变性实验。结果表明,曲霉菌 awamori 发酵的黑豆具有很高的抗诱变性。InagakiS 等采用 HPLC 法从黑豆醋的乙酸乙酯提取液中纯化出一种复合物-6(色醇),根据酶活力测定和免疫印迹分析所示,结果表明,从黑豆醋中分离出来的色醇,在不影响正常淋巴细胞的情况下,可抑制人类白血病 U937 细胞的增殖。ZhaoQW 和 LouY 对黑大豆乙醇提取物(blacksoybeanethanolextract,BSE)的雌激素样作用及其机制研究发现,黑大豆乙醇提取物能通过雌激素受体发挥雌激素样作用。Sáyago-AyerdiSG 等对冷藏的玉米粉圆饼、黑豆和玉米粉圆饼—豆混合物的淀粉消化率和预测血糖指数变化进行研究,结果表明,冷藏的带豆饼的淀粉消化率和血糖指数变化小于玉米粉圆饼。黑豆在食品中的加入对食品淀粉消化率和血糖值变化影响小,利于在特殊人群中应用。流行病学研究认为抗氧化性膳食可预防动脉硬化症,XuBJ 等以体外铜诱导人类低密度脂蛋白氧化模拟为基础,对 9 种常见食用豆抗氧化性的比较研究中,发现 9 种豆抗低密度脂蛋白—脂过氧化反应与他们所含的多酚物质、DPPH 自由基清除能力和氧化自由基吸收能力极显著相关($P<0.01$),其中黑豆、小扁豆、黑大豆、红芸豆比黄豌豆、绿豆、鹰嘴豆、黄豆的抗氧化性强,多酚物质含量高;并且黑豆的总类黄酮含量,浓缩丹宁含量比其他豆类含量高。从抑制 LDL 氧化的观点来说,食用黑豆、小扁豆、黑大豆、红芸豆,对预防动脉硬化症有潜在作用。HoVS 和 NgTB 从北海道大黑豆种子中分离出一种 Bowman-Birk 型胰蛋白酶抑制剂,它与 N 末端序列高度同源并能抑制 8-kDa 的 Bowman-Birk 胰岛素。这种胰岛素抑制剂在 SP-凝胶上不吸附,而是吸附于 DEAE-纤维素膜和 MonoQ 上。它可以抑制分别带有 35 和 140 μM 的 IC(50)乳腺癌(MCF-7)细胞和肝细胞瘤(HepG2)的增殖。还可抑制带有 38 μM 的 IC(50)HIV-1 反转录酶,但是缺少抗镰刀霉 oxysporum 和 Mycosphaerellaarachidicola 真菌的能力。DoMH 等在对韩国女性摄入水果、蔬菜和

豆制品与预防乳腺癌发生的关系的试验研究结果认为,摄入大量煮过的豆(黄豆和黑豆)可降低患乳腺癌发生的概率。KuoLC等通过纳豆杆菌NTU-18发酵黑豆的异黄酮糖苷的水解试验发现。发酵24 h,发酵的黑豆奶中,黄酮苷(daidzin)和皂苷(genistin)的降糖苷率分别为100%和75%。远高于早期报道过的乳酸菌发酵降糖苷率。而发酵的黑豆奶ERβ雌激素受体的雌激素活性却增加了3倍;发酵液激活ERα雌激素受体较ERβ少些。研究认为,这种发酵有效地降解了黑豆奶的异黄酮糖苷,并可应用到选择性雌激素受体调节产品的开发研究上。ShinomiyaK等做的摄入黑豆种皮提取物大鼠的迷宫试验,结果得出,黑豆种皮提取物的食入可有效提高老鼠的记忆力和学习能力,尤其是长期记忆力。

对黑豆的营养成分及功能性的不断研究,使它在各个行业正不同程度地受到重视。如在食品、化工、医药行业等中得到了广泛的应用。黑豆在种植过程中使用的农药与大豆种植使用的相类似,其主要有苯氧羧酸类除草剂、酰胺类除草剂、咪唑啉酮类除草剂、有机磷类杀虫剂、咪唑啉酮类除草剂。

2.4 四季豆

2.4.1 四季豆的营养成分

四季豆又称芸豆、菜豆,是豆科蝶形花亚科菜豆属一年生、缠绕或近直立草本。四季豆是全球最重要的豆科作物之一,是重要的经济作物和营养粮食作物,在世界范围内广泛种植和消费。全球种植面积约为3 000万公顷。四季豆主要分布于亚洲,我国四季豆豆产量居第三位。在中国,年产量约为80万吨。四季豆是一年生短日性、茎缠绕或直立草本植物,喜温,不耐霜冻,生育期短,一般品种需无霜期105~120 d。四季豆主要分布于东北地区的黑龙江,西北地区的新疆、陕西、山西、内蒙古和西南地区的云贵高原等,山西晋西北地区,尤其是岢岚、天镇及周边的几个县,都有种植四季豆的传统。

四季豆是人类营养的重要组成部分,因为它含有高蛋白(20%~25%)、复杂的碳水化合物(50%~60%)和丰富的维生素、矿物质、多不饱和脂肪酸,以及相当数量的叶酸和纤维素。豆粒是蛋白质、微量营养素(如铁、锌、硫胺素和叶酸)等营养素的来源。干豆中含有足够量的多酚类物质,具有很强的抗氧化性。经常摄入这些含有总纤维素和可溶性纤维素以及抗性淀粉的干豆,可以降低人体的血糖指数。研究还表明,包括豆类的饮食可以降低低密度脂蛋白(LDL),提高高密度脂蛋白(HDL)水平,并积极影响代谢综合征的风险因素,从而降低心血管疾病(CVD)肥胖和糖尿病的风险。在日本、希腊和澳大利亚人群中进行的晚年饮食习惯研究表明,干豆和其他食物豆类是唯一与降低死亡风险相关的食物。因此,促进健康的效果与豆类摄入量的增加成正比。

四季豆种子贮藏的主要多糖是淀粉,占 25%~45%。淀粉是植物的主要储存碳水化合物,在人类饮食中提供 50%~70% 的能量,是葡萄糖的直接来源。淀粉经常被用作调味汁、汤、糖果、糖浆、冰激凌、休闲食品、肉制品、婴儿食品和脂肪替代品等食品的添加剂。通过湿法研磨从四季豆中分离淀粉,该方法通过筛网反复过滤和碱洗(0.5M NaOH)。四季豆淀粉的淀粉得率为 90%,水分为 8.5%~14.5%,蛋白质为 0.03%~1.3%,脂肪为 0.1%~0.6%,灰分为 0.1%~0.7%。

Engyst 等人将淀粉分为快速消化淀粉(RDS)和慢消化淀粉(SDS),SDS 淀粉完全但更缓慢地在小肠中消化,并降低餐后血糖和胰岛素水平,它通常是最理想的膳食淀粉形式。抗性淀粉(RS)不在小肠消化,但是可以到达结肠并被结肠微生物发酵,产生短链脂肪酸。四季豆淀粉的 SDS 和 RS 含量高,GI 低;因此,它们适合作为膳食碳水化合物替代品,用于治疗糖尿病和高血糖等疾病。Rehman 等人报告说红芸豆的消化率为 36.8%。四季豆淀粉的消化率低,这可能是由于直链淀粉含量高,淀粉颗粒表面没有气孔和 C 型晶体结构。

豆类中的主要蛋白质组分是球蛋白和白蛋白。白蛋白约占豆类总蛋白的 10%~20%,是水溶性的,而球蛋白占蛋白质的 70%,只有在稀盐溶液中才能溶解。虽然四季豆球蛋白的含硫氨基酸(SCAA)含量很低,但与白蛋白部分相比,它们的精氨酸和支链氨基酸(BCAA)含量更高。这些氨基酸组成上的差异可以用来促进健康。例如,积极的心血管疾病干预可以通过高精氨酸/赖氨酸饮食来实现。同样,高 SCAA 或半胱氨酸含量的饮食对心血管有益也是可取的,因为这种氨基酸是还原型谷胱甘肽的关键结构成分。

豆类中的蛋白质含量因品种不同而不同,在 15%~35% 之间。四季豆蛋白(贮藏蛋白)是最丰富的一类,占普通豆类总蛋白的 30%~50%。氨基酸组成良好,但含硫氨基酸含量较低,特别是蛋氨酸和色氨酸。豆中的主要氨基酸是赖氨酸(6.5~7.5 g/100 g 蛋白质)、酪氨酸和苯丙氨酸(5.0~8.0 g/100 g 蛋白质)。因此,四季豆中存在的蛋白质满足了世界卫生组织(World Health Organization)和粮食及农业组织(Food And Agriculture Organization)认可的人类最低需求。人体食用 100 g 干四季豆可提供 9~25 g 蛋白质,几乎是正常成年人每日推荐摄入量的 20%。此外,四季豆干豆蛋白的消化率可达 80%,还含有一种典型的豆凝集素类型的蛋白质,能产生 α-淀粉酶抑制效应。体外和动物研究已经报道,这两种植物可能具有降低餐后血糖的潜力。根据粮农组织专家咨询报告中的可消化必需氨基酸评分(DIAAS)分界值,煮熟的四季豆被认为是人类食用的"良好"蛋白质来源,因为其 DIAAS 为 88%。根据 0.5~3 岁儿童的氨基酸参考模式,只有四季豆才被认为是"好的"蛋白质来源。

　　四季豆中膳食纤维(14~19 g/100 g 生料)和低聚糖的含量也很高。超过50%的纤维是不溶性的,由果胶、戊聚糖、半纤维素、纤维素和木质素组成。每100 g 生豆中,豆类的脂肪含量为 1.5~6.5 g,主要由单不饱和脂肪酸和多不饱和脂肪酸组成。

　　四季豆含有大量生物活性化合物,如半乳低聚糖、蛋白酶抑制剂、凝集素、植酸盐、草酸盐和富含酚类的物质,这些物质在人类和动物中发挥着至关重要的代谢功能。根据饮食质量,这些物质被称为抗营养因子。这些物质会降低蛋白质的消化率,降低营养吸收和矿物质的生物利用度,这可能会导致人体肠胃胀气。然而,这些抗营养因子具有抗氧化和益生菌活性,可以保护 DNA 免受各种癌症的伤害。因此,四季豆在必需氨基酸、维生素、矿物质和抗营养因子方面具有营养补充性,食用菜豆可以缓解营养缺乏状况,确保营养均衡。

2.4.2　农药使用及检测

　　根据农药的化学结构、来源和目标生物对农药进行了分类。它既可以是无机合成农药,也可以是生物农药。合成无机农药基本上是由天然矿物原料加工制成,直接杀死害虫。农药按照用途主要分为杀虫剂、除草剂、杀菌剂、杀鼠剂、杀线虫剂。生物农药来自天然的植物和细菌。此外,农药还可根据化学结构分为四大类,即有机氯(OCs)、有机磷(OPs)、氨基甲酸酯和拟除虫菊酯。

　　OCs 农药是目前常用的高毒性、高生物积累的农药。它们还被发现具有致癌性、雌激素和抗环境退化循环,半衰期为 10~30 年。在欧洲、美洲和许多亚洲国家,OCs 农药已被禁止,不再用于农业用途。虽然 OCs 逐渐被消除,但由于持久性,它们在环境中的存在也是可见的。目前,它们已逐渐被其他合成化合物,即 OPs 和氨基甲酸酯所取代。

　　OPs 和氨基甲酸酯类农药因价格低廉、在环境条件下的低持久性和可杀灭大量害虫的能力而得到了广泛的应用。OPs 和氨基甲酸酯通过抑制人类和昆虫中枢神经系统(CNS)的乙酰胆碱酯酶(AChE)发挥作用,导致中枢神经系统的正常功能中断。OP(有机磷杀虫剂)化合物最常见的报道与严重的人类毒性相关,占农药相关住院患者的80%以上。然而,与OCs相比,它们的毒性作用低。表2-5概述了世界卫生组织根据其毒性建议对有机磷农药进行的分类。

表2-5　有机磷农药的毒性等级列表

毒性等级	危险性	农药通用名
Ia	极度危险	磷酰胺;甲基对硫磷;特丁硫磷
Ib	高度危险	久效磷;苯丙胺磷;甲基羟乙酮;三唑磷;丙烯磷
II	中等危险	毒死蜱;敌敌畏;倍硫磷;乙酰甲胺磷;二嗪农;乐果;喹硫磷;丙溴磷;苯妥英钠;甲拌磷;甲基嘧啶磷;敌百虫
III	轻微危险	双硫磷;甲基毒死蜱;马拉硫磷

除从合成来源获得的农药外,拟除虫菊酯是来自天然菊花酯的农药,含有被称为除虫菊酯的天然化学物质。合成的拟除虫菊酯具有较长的环境稳定性和半衰期。其杀虫活性强,对哺乳动物毒性低,受到广泛关注。它们通过延迟神经元膜中的电压门控钠通道发挥作用。

尽管农业中为了控制害虫而使用各种农药,但它们在食品中的残留积累使其对消费者和环境有害。当这些残留物被消耗后,在人体组织中积累并影响人体健康,导致肌肉无力、内分泌紊乱、呼吸紊乱、瘫痪、癌症等。

随着人们对四季豆需求量的逐年上升,四季豆种植面积逐年扩大,引发了病虫草害的发生与流行,目前杂草危害是影响四季豆产量和品质的重要因素之一,化学除草作为新型技术在农业生产中起到越来越重要的作用。除草剂对农作物田间杂草防除效果及产量影响有很多报道。用于四季豆的农药产品有精喹禾灵、精吡氟禾草灵、乙草胺、氟乐灵、氟磺胺草醚、二甲戊灵、恶唑禾草灵、烯草酮。氟乐灵对禾本科一年生单子叶杂草如稗草、狗尾草具有较高防效,对灰菜、苋菜、刺儿菜等有一定的抑制作用,精喹禾灵适用于防除马唐牛筋草等禾本科杂草,氟磺胺草醚适用于防除阔叶杂草,氧氟乙草胺对马唐、牛筋草、反枝苋、马齿苋等杂草具有较好的防除效果。二甲戊灵对狗尾草、苣荬菜、苍耳防除可达80%以上,拿捕净、氟吡甲禾灵防效杂草显著。

刘飞等人采用田间试验方法,为筛选安全有效的芸豆田茎叶除草剂类型,研究了 5 种茎叶除草剂防除芸豆田杂草的效果及产量影响。结果表明,苗后茎叶除草剂 48% 氟乐灵处理、10% 精喹禾灵、烯草酮和 56% 二甲戊氯钠盐对芸豆田野黍、藜、狗尾草等杂草均有较好的防治效果,并能提高芸豆产量。其中,48% 氟乐灵处理对芸豆田杂草防效最好,防效达 95.7%;产量达 1 231.5 kg·hm^{-2},比对照增产 80.9%。

李海金等人为筛选大田种植红芸豆使用除草剂的类型及剂量,采用田间试验的方法,研究不同时期,不同比例单一或混合喷雾除草剂对红芸豆的安全性、产量及田杂草的除草效果的影响。在 9 种不同除草剂组合中,除处理 1(40% 氧氟乙草胺 EC 播后苗前喷雾)和处理 4(40% 氧氟乙草胺 EC 播后苗前喷雾,然后用 12.5% 拿捕净 EC 苗后喷雾组合)有药害外,其他组合无明显药害损伤,对红芸豆田间施用是安全的,对产量影响不显著。除草剂组合处理(33% 二甲戊灵 EC 播后苗前喷雾,然后用 25% 氟磺胺草醚 AS+10% 精喹禾灵 EC 苗后喷雾)对四季豆田杂草的防治效果较好,防效达 75.1%;产量达到 2 140.52 kg·hm^{-2},比对照增产 53.7%。四季豆田间播后苗前用 33% 二甲戊灵 EC 喷雾,出苗后用 25% 氟磺胺草醚 AS+10% 精喹禾灵 EC 喷雾对杂草防治效果显著。

由于四季豆采摘期长,经济效益高,菜农种植面积逐年扩大,但多年种植,病害发生较为严重,制约着四季豆产业的发展。根据多年的生产实践总结了四季豆三大病害发生情况。疫病是露地及棚室四季豆普遍发生的病害之一,主要为害叶、茎蔓、豆荚。霉病主要为害叶、茎、花及荚果。炭疽病主要为害叶、茎、豆荚等。灰霉病发病前烯酰·嘧菌酯水分散粒剂噁霜·锰锌可进行预防;发病初期可用速克灵和异菌脲(扑海因)。棚室栽培可用速克灵烟剂和百菌清烟剂。疫病可用可杀得可湿性粉剂;发病初期可用雷多米尔锰锌可溶性粉剂和普力克水剂。炭疽病发病初期可用乙蒜素乳油和咪鲜胺锰盐以及异菌脲悬浮剂多福溴菌腈可湿性粉剂。

杀虫剂是一种化学物质,用于食品、农产品种植、储存、运输、分配过程中,预防、破坏、引诱、驱赶或控制害虫、啮齿动物、真菌和杂草等不良动植物。此外,农药被用作植物生长调节剂、落叶剂、干燥剂、水果稀释剂或生长抑制剂,以及在运输前或运输后应用于农作物的物质。由于高效生产,控制蚊子、蚜虫、跳蚤等病媒,杀死有害微生物等优点,以及考虑到经济因素,农药在农业、水产养殖、园艺和中药(TCM)中的应用有所增加。此外,杀虫剂是仅次于化肥的世界第二大人造化学品。

Kaczynski 等人在 54 个真实的鱼类和肝脏样本中发现了 340 多种农药(包括氨基甲酸酯、有机氯、三嗪、有机磷和合成拟除虫菊酯农药),并在 11 个鱼肉和 13 个肝脏样本中发现了有机氯农药和除草剂。Wong 等人在 2020 年引进了一种高通量多残留 UHPLC-QToF-MS 方法,用于同时分析从中国当地市场获得的 50 个鸡肉样品中的 126 种农药。他们在 4 个样本中检出乐果的浓度为 2.23 μg·kg⁻¹ ~ 9.14 μg·kg⁻¹,在两个样本中检出灭多威的浓度为 5.13 μg·kg⁻¹ 和 7.32 μg·kg⁻¹,在一个样本中检出三环唑的浓度为 1.45 μg·kg⁻¹,大大高于欧盟规定的 0.01 μg·kg⁻¹ 的最大残留限量。

如今,在食品消费者中流行一种趋势,即倾向健康方便又不含农用化学品和毒素的食品。最近的研究指出,尽管在有机农业方面取得了进展,世界许多地区食品仍会受到杀虫剂污染。由于从食品原料中去除这种危险化学物质的需求,世界各地的研究人员探索了用于降低食品中农药的创新加工技术。

农药不合理使用导致食品及相关产品中的农药积聚和残留不断增加,严重威胁着人类的身心健康和社会发展。近年来,农药残留问题已成为全球关注的问题。

为了经济和社会发展,不能完全禁止使用农药。因此,考虑到农药的实际使用和残留,人类对这些持久性有机污染物的暴露,以及它们的各种物理化学性质、高毒性和痕量高发生率(ppt-ppb),再加上严格的最大残留限量,开发适用于各种类型基质中农药残留的有效分析方法仍然是一个相当重要和紧迫的问题。在过去的十年中,许多研究小组坚持不懈地致力于制造、表征、优化和开发用于农药检测的免疫传感器。根据传感元件的类型和测量机理,已报道的免疫传感器可分为光学、电化学(EC)和压电(PZ)传感器,可满足农药连续监测的要求(图 2-1)。

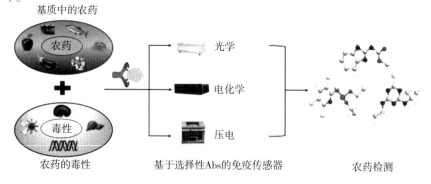

图 2-1 基于不同信号输出模式的农药检测中各种免疫传感器的示意图

免疫传感器是一种基于亲和力的生物传感装置,它结合了免疫化学反应和适当的传感器,也称基于免疫反应的生物传感器。免疫传感器通常包含识别单元,该识别单元可以捕获特定的目标农药以用于定性,而诸如石英晶体(QC)微天平之类的换能器组件用于将结合事件传送到可检测的信号以用于定量。Ab抗体是理想和常用的识别单元,因此其对目标农药 Ag(抗原)的卓越特异性和灵敏度对于构建免疫传感器至关重要。通常,Ag 指的是能够诱导免疫反应的分子,而与 Ab 结合但不具有免疫原性的分子通常被称为"半抗原"。农药分子是典型的半抗原,只有与生物大分子(如牛血清白蛋白或卵清蛋白)连接,形成相应抗体的结构,才能形成完整的 Ag。在自然界中,抗体是一种免疫球蛋白,能与 Ag 特异性结合,提高免疫传感器的分析性能。

根据传感器的类型和信号处理模式,免疫传感器通常分为非标记(无标记)和标记传感器。非标记免疫传感器测量 Ag-Ab 免疫复合物形成过程中的物理变化和动力学信息,主要应用于定量检测 Ag-Ab 免疫复合物形成过程中的信号变化,如伏安电流、电阻和电压的变化,这些变化是由无任何标记的 Ag-Ab 识别引起的。相反,使用产生信号的标记(如荧光染料、酶和金属离子)以及纳米材料[如量子点(QDs)和碳点(C 点)]的标记免疫传感器在加入免疫复合物后可以进行更灵敏和通用的检测。

在构建免疫传感器的过程中,根据分析物的分子大小,传感策略主要使用夹心型和竞争型检测。夹心式分析通常适用于高分子量的大分子化合物,如蛋白质,因为识别单元的数量很大,而检测到的信号响应与被测样品中的分析物数量成正比。对于小分子化合物,如杀虫剂,最好采用竞争性的检测方法。分子量小,只有一个结合单元。样品中的分析物是根据它们与免疫传感器中标记的 Ag 竞争的能力来测量的,可检测的信号与分析物的含量成反比,也就是说,响应随着分析物浓度的增加而降低。图 2-2 介绍了基于竞争性和非竞争性的免疫传感器检测方法:(a)直接竞争模式:样品中感兴趣的分析物与标记信号 AGS 竞争结合在传感器表面的固定化抗体。(b)间接竞争模式:传感器表面的固定化 AGS 与样品中感兴趣的分析物竞争与标记的信号 Abs 结合。(c)非竞争模式:样品中感兴趣的分析物直接与传感器表面的固定化抗体结合。直接和间接竞争格式通常基于光信号检测来执行,而对于 EC 和 PZ 免疫传感器则根据检测到的电流/电阻或晶体质量的变化而采用非竞争格式。

随着纳米技术的进步,各种材料,如半导体纳米晶体、金属纳米材料、碳材

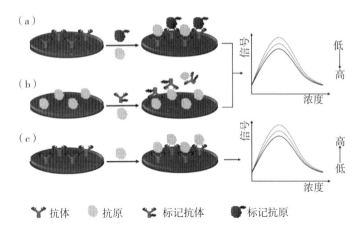

图 2-2　基于(a)直接竞争、(b)间接竞争和(c)非竞争原则的免疫传感器分析

料、上转换纳米颗粒(UCNPs)和稀土材料已经成为开发 FLIS 的有希望的荧光标签。FLIS 具有优良的固有优势,如非破坏性操作模式、快速信号产生和灵敏读出,它引入 Ab 作为特定的识别探针与荧光开关信号响应的新型荧光探针相结合,被广泛应用于生物分析的各个领域,尤其是农药的检测。

　　Sheng 等人建立了高灵敏度的磁分离荧光免疫传感器,并标记了阿特拉津的 UCNPs。制备了亲水性 NaYF4:Yb/erUCNPs 与抗阿特拉津抗体偶联作为信号探针,将聚苯乙烯磁性微球偶联到 Ag 涂层上作为捕获探针。捕获探针上的银涂层与阿特拉津竞争结合 AB 在信号探针上形成免疫复合物,通过磁作用将其分离,用于 FL 测量。FLIS 法灵敏地检测了磷酸盐中的阿特拉津,检出限为 0.002 μg · L^{-1}。

　　Tao 等人利用磁性纳米颗粒(MNPs)和 UCNPs 开发了一种快速、灵敏的 FL 免疫分析方法,用于同时检测 IMD 和噻虫啉。首先,合成了 NaYF4:Yb,Er 和 NaYF4:Yb UCNPs,分别以抗 IMD 单抗和抗噻虫啉单抗为信号标记物,制备了 NaYF4:Yb,Er 和 NaYF4:Yb UCNPs。此外,以噻虫啉和 IMD-AGS 为分离元件,对 MNPs 进行了偶联。用 Ag-MNPs 磁分离后,用竞争免疫法测定 mAb-UCNPs 的含量。结果表明,噻虫啉的 LOD 和 IC50 分别为 0.61 ng · mL^{-1} 和 6.45 ng · mL^{-1},IMD 的 LOD 和 IC50 分别为 0.32 ng · mL^{-1} 和 5.80 ng · mL^{-1}。

　　Boroduleva 等人建立了噻菌灵和四康唑的荧光偏振免疫分析方法(FPIA)。合成了噻菌灵和四康唑的 FPIA 示踪剂,并用 HPLC-MS/MS 对示踪剂的结构进行了确证,其中 4-氨基甲基荧光素标记的示踪剂与氨基荧光素标记的示踪剂和烷基二胺荧光素硫代氨基甲酰基标记的示踪剂相比,具有较高的分析灵敏度和较低的试剂消耗。在示踪剂中,4-氨基甲基荧光素标记的示踪剂与氨基荧光素标记的示踪剂相比,试剂消耗最少。使用便携式设备进行荧光偏振测量。将所建立的荧光免疫分析方法应用于小麦样品的分析。快速简单的样品适用于噻苯达唑和四康唑。小麦中噻菌灵和四环唑的检出限分别为 20.25 $\mu g \cdot kg^{-1}$ 和 200 $\mu g \cdot kg^{-1}$,定量下限分别为 40 $\mu g \cdot kg^{-1}$ 和 600 $\mu g \cdot kg^{-1}$。用高效液相色谱—质谱联用和荧光免疫分析两种方法进行了回收率试验,测定结果与 HPLC—MS/MS 测定结果有很好的相关性(噻苯达唑 $R^2 = 0.998\ 5$,四康唑 $R^2 = 0.995\ 2$)。FPIA 法测定噻菌灵和四环唑的平均回收率分别为 29.74±4% 和 72±3%,HPLC—MS/MS 法测定的平均回收率分别为 30.86±2% 和 74±1%($n = 15$)。

由于 CM 免疫传感器(CMIS)检测方法具有制备简单、快速分析、肉眼观察、成本效益高等优点,最近在许多传感应用中引起了人们的极大关注,因此,CMIS 检测方法在许多传感应用中的应用引起了人们的极大关注。通过将特定抗体与 CM 策略相结合,CMIS 具有直接可视化输出的突出优点,已成为一种潜在的有吸引力的医疗方法。这种方法提供了基于反应前后颜色变化的免疫色谱试纸(ITSS),而不需要复杂的仪器。因此,将响应行为转换为可观察到的颜色变化是建立 CMIS 平台最重要的挑战之一。

OUyang 等人采用一步溶胶—凝胶燃烧法制备了石墨氮化碳/铋铁氧体纳米复合材料(g-C_3N_4/BiFeO$_3$NCs),并将其用作类过氧化物酶催化剂。基于纳米复合材料对鲁米诺—过氧化氢反应的催化活性,以毒死蜱和西维因模型分析物,将其作为比色/化学发光双读出免疫层析法(ICA)用于农药残留的多重检测。在该方法中,毒死蜱抗体和西维因抗体被标记到 g-C_3N_4/BiFeO$_3$NCs 上,以建立空间分辨的多分析 ICA。在 ICA 试纸上完成两次竞争性免疫反应后,示踪抗体被两个测试线上的固定化抗原捕获。g-C_3N_4/BiFeO$_3$NCs 的积累导致了棕色的出现,这被观察到是一个比色和半定量的信号。此外,在测试线上引发鲁米诺—H_2O_2 反应后,采集了 g-C_3N_4/BiFeO$_3$NCs 驱动的 CL 信号的产生作为灵敏的定量信号。在最佳条件下,毒死蜱和西维因的检出限均为 0.033 ng $\cdot$ mL^{-1}。该方法用于环境水样和中药样品中毒死蜱和西维因的检测,回收率分别为 80%~119% 和 90%~118%。由于新型 ICA 具有成本低、时间效率高、灵敏度高、可移植性好等优点,在药物安全、环境监测和临床诊断等领域显示出巨大的潜力。

程等人提出了一种基于 PtPd 纳米粒子作为 CM 探针同时测量丁酰胆碱酯酶(BChE)总量的透明 ITS 和基于智能手机的环境光免疫传感器,用于检测乙基对氧磷。由于 BChE 的四聚体结构,只用一种单抗作为识别试剂和示踪探针。PtPd 纳米粒子可以方便地合成为纳米酶,以开发基于 ITS 的 CMIS 平台来评估 BChE 的总量。利用一种简单的、自制的、基于免疫传感器的智能手机设备,在环境光下测量了 PtPd 纳米颗粒—邻苯二酚的棕色变色,该设备是 3D 打印的,用于低成本、超灵敏地检测乙基对氧磷。由于二维 Pt-Ni(OH)$_2$ 纳米片(NSS)具有较大的比表面积和较多的活性中心,以及 Ni(OH)$_2$ 载体与 Pt 纳米颗粒之间的强相互作用和协同作用,从而提高了催化剂的催化活性,因此,对二维 Pt-Ni(OH)$_2$ 纳米片(NSS)的催化性能进行了研究。

王和欧阳合成了 LRAuNPs 来标记氰戊菊酯的单抗,作为唯一的双读出化学发光探针,以开发用于检测该农药的定性/定量 ITS。通过竞争模式,样品溶液中的氰戊菊酯与固定在测试线上的相应涂层 Ag 竞争,与 LRAuNPs 标记的氰戊菊酯单抗结合。经过完全的免疫反应后,捕获的双读出探针的红色很容易被肉眼观察到以进行定性。通过在测试线上触发鲁米诺-H$_2$O$_2$ CL 反应,收集发光体修饰的 AuNPs 发出的 CL 信号作为定量读数,以提高分析灵敏度。这种新型的化学发光二极管阵列对氰戊菊酯表现出超高的灵敏度,检出限为 0.067 ng·mL^{-1},大大简化了操作程序。

CL(也称电致 CL)通过在电极表面稳定的前体中产生活性中间体,将电能转化为辐射能。这里,通过施加电压产生的 ECL 发光体经历高能电子转移反应以形成发射发光信号的电子激发态。作为化学发光和电化学的技术组合,电化学发光显示出与其他光学和电致发光技术相比的独特优势,由于其卓越的优势,包括简单的仪器、显著的通用性和动态范围、低背景噪声、高灵敏度、重现性和稳定性,ECL 分析已经引起了人们的极大关注,并已成为用于环境和食品监测、临床诊断、药物分析和免疫分析等各种领域中痕量目标检测的传感器和生物传感器设计的强大分析工具。

Shan 等人开发了一种用于检测蔬菜中噻虫啉的 ECL 免疫传感器(图 2-3)。以合成的 CdS 纳米晶为基础,制备了稳定的具有较强电致发光性能的 CdS 纳米晶薄膜。在此基础上,分别以 CdS 纳米晶作为 ECL 发射体,以导电性能良好的石墨烯作为噻虫啉 Ag 标记物,研制了一种新型的 ECL 免疫传感器。当石墨烯标记的噻虫啉(Ag)与 CdS 纳米晶薄膜上的 Ab 形成免疫复合物后,电致发光显著增强,电致发光增量(ΔI)与噻虫啉浓度呈正相关,实现了噻虫啉的灵敏定量。发光强度的对数与噻虫啉浓度的对数在 0.1~10 pg/mL 的宽线性范围呈线性关系(R=0.99)和 0.1 pg/mL 的超低检出限为 ECL 免疫传感器方法在实际样品中农

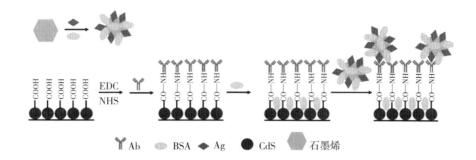

图 2-3　以 CdS NSS 为信号发射体,石墨烯为抗原标记物的 ECL 免疫传感器原理图

药残留的实际检测提供了广阔的应用前景。

SPR 是指在入射光照射的正负介电材料(如金属和介质)之间的界面上发生的传导电子的共振振荡,而相应的量子被称为表面等离子体激元。简单地说,这个过程是指在适当波长和特定角度的入射光束激励下,在金属薄膜表面产生的可以忽略不计的电磁场。随着穿透距离的增加,瞬逝场呈指数衰减。因此,表面等离子体共振对于测量换能器表面受限的分子相互作用是必不可少的。SPR 免疫传感器通常由以下单元组成:光源、传感表面(如金属或金膜)、棱镜、生物分子(如 Ab 或 Ag)、检测器和流动系统。

Liu 等人应用不同尺寸(直径分别为 17. 26 nm、24. 13 nm 和 30. 35 nm)的 AuNPs 来增强用于检测阿特拉津的 SPR 信号。同时,通过直接固定抗阿特拉津而不使用 AuNPs 作为参比传感器,建立了传感器表面,优化了 AuNPs 尺寸对阿特拉津检测的灵敏度、选择性和再生性。结果表明,AuNPs 能有效增强 SPR 信号,粒径为 30. 35 nm 的 AuNPs 对阿特拉津的最低检测浓度为 $1.0 \ \text{ng} \cdot \text{mL}^{-1}$,灵敏度最高。由于提高了灵敏度和准确度,用 AuNPs 修饰的 SPR 免疫传感器已被证明是可行的,可以通过改变相应的 Ab 来直接原位检测真实世界样品中的阿特拉津以及其他感兴趣的分析物。

拉曼光谱可以通过采集分子振动,实现对多种分析物的分子"指纹识别",识别其含量。通过结合拉曼光谱的分子特异性和等离子体纳米结构的光学性质,SERS(表面增强拉曼散射)可以通过使贵金属表面变得粗糙来显著增强拉曼信号。SERS 传感器本质上是一种光谱技术,它依靠光谱仪的激发激光、感兴趣的分析物和特定底物之间的电子和化学相互作用来选择性地增强信号,以便灵敏地检测目标分子。SERS 传感器的显著优点,如操作简单、快速响应、高灵敏度和特异性,以及无标签、高稳定性和无损表征,使其在从生物医学到环境监测的各个领域都有了实质性的应用。

Li 等人利用 Ab 标记的 AuNPs 作为 SERS 衬底,标记在 AuNPs 上的 FL 标签作为拉曼报告器,在试条的测试线上进行了实验研究,基于 SERS 的 ICA 免疫传感器用于检测两种拟除虫菊酯农药,即氯氰菊酯和氰戊菊酯。在这个平台上,每种农药都与固定在试验线上的涂层银竞争结合。当免疫探针上的结合位点被农药占据时,过量的免疫探针被包被银捕获。通过特异的 Ab-Ag 免疫反应,试线上涂银捕获的免疫探针数量与目标农药分子数量呈负相关。通过固定为检测两种农药而设计的两条测试线,实现了同时双重检测。该体系对氯氰菊酯和氰戊菊酯具有较高的灵敏度,检出限分别为 2.3×10^{-4} ng·mL^{-1} 和 2.6×10^{-5} ng·mL^{-1},比 ELISA 法和荧光法提高了 3~4 倍。

这些免疫传感器由于具有高灵敏度、方便、简单以及宽的线性范围等优点,在各种基质的检测中表现良好。然而,它们确实有一定的局限性。例如,一些免疫传感器通常表现出相对较高的背景干扰,以及较差的稳定性和重现性,并且由于围绕成本、可用性和分析速度的不利问题,很少有免疫传感器在实际情况中被广泛应用。尽管上述免疫传感器在农药分析中有着广阔的应用前景,但它们仍然面临着各种需要解决的挑战。

2.5 红小豆

2.5.1 简介

红小豆的外衣呈淡红、鲜红或者深红色,外观为椭圆形或者长椭圆形,又名赤豆、红豆、小豆等。红小豆属于草本植物,是我国主要杂粮作物之一,在我国种植历史较久,种植面积较大。主要种植区集中在东北、华北、西北以及黄淮河流域。黑龙江省位于我国的东北部,黑龙江垦区各农场都有很多农户种植这一作物,其具有较高的营养价值和药用价值,是一种药食同源的杂粮,深受消费者喜爱,市场需求量大,具有很好的经济价值。红小豆是含有诸多生物活性物质的食品,成为亚洲地区人们的喜好之一,被称赞为粮食中的"红珍珠""金豆""相思豆"。红小豆的营养丰富,不仅含有人体七大必需营养素,而且含有必需氨基酸以及微量元素。所含的营养物质高于小麦、玉米等主粮。红小豆具有抑菌、促进血液循环、控制血脂血糖以及消肿美容等功效。

2.5.2 红小豆的营养价值

红小豆属于高蛋白、高碳水化合物、低脂肪的保健食品。红小豆中蛋白质含量为17.5%~23.3%。其中所含有对人体代谢有重要作用的赖氨酸较多;碳水化合物为机体提供能量的重要物质,红小豆中含有较多的多糖、维生素与矿物质;红豆中的脂肪含量大概在5%,含有人体必需的不饱和脂肪酸——亚油酸。这些多样的营养成分在红小豆的营养价值方面起到关键性的作用。

红小豆是我国常见的植物蛋白资源,以红小豆为原料制成的食品,对维持身体健康、延缓机体组织衰老、降低血清胆固醇等都具有良好的作用,红小豆中蛋白质含量为17.5%~23.3%,相对于其他杂粮,蛋白质含量较高,且达到甚至高于FAO/WHO的要求。另外,红小豆也是高碳水化合物杂粮,其中含有人类必需的8种氨基酸,各类氨基酸的平均含量在222.95~191.53 μg/g之间,其中赖氨酸和谷氨酸含量最高。在人体的消化吸收属于较高水平,含有的赖氨酸具有增强人体免疫、促进人体发育等功能。色氨酸具有改善脾气等作用,还可以降低高血压。

红小豆中的营养物质主要包括多糖、维生素、矿物质。红豆的多糖主要包括淀粉和膳食纤维,膳食纤维主要富集在豆皮中,其平均含量为5.60%~18.60%之间,增强免疫系统、辅助降低胆固醇和高血压,平衡体内激素,可以解毒、解酒,稀释和加速致癌物质排除,维持消化系统健康,对肾病、水肿等均有一定的辅助治疗作用。红小豆中的蛋白质含量是大米的3倍,具有补血的作用,同时可以达到益气生津、宽肠胃、通便秘的作用。

维生素是高级动物维持正常的生理功能必须从外界获得的一类微量有机物质,红小豆中主要含有维生素A、维生素B、维生素E,其中B族维生素含有维生素B_2、维生素B_1等,含量是大米中含量的4倍。维生素有利于减肥、减缓疲劳等诸多好处。

红小豆中含有钙、磷和铁元素,对人体非常重要,是人体必需的微量元素之一,是构成血肌红蛋白、红蛋白、细胞色素的主要成分,直接参与人体能量代谢,女性在经期食用红小豆可以提供起到营养、舒缓经痛的作用。

红小豆是淀粉类豆子,因其中的脂肪含量低于1%,所以不能榨出油。但是脂肪酸种类较多,含有亚油酸等不饱和脂肪酸,且含量占脂肪酸含量的69.9%,亚油酸是人体必需脂肪酸,且由于自身不能合成或者合成不满足人体需要,必须从外界获取的脂肪酸。

皂角甙是三萜系化合物和甾族化合物低聚配糖体的总称,又被称为皂素。红小豆中皂角甙的平均含量在 3.50~3.90 mg·g^{-1} 之间,大于大豆等其他豆类作物。具有抗溃疡、抗炎、抗变态反应和抑制氧化脂质反应的作用。同时还具有祛痰、镇咳、抗疲劳、抑制中枢神经等作用,并且对胆固醇和脂肪代谢有促进作用,同时可以促进核酸和蛋白质的合成,预防感染,增强免疫力,抗脓肿,以及对治疗艾滋病均有良好的辅助作用,三萜类成分是红小豆药材利尿作用的主要有效成分。

红小豆中黄酮物质主要为槲皮素、儿茶素、芦丁和杨梅酮芸香糖苷,平均含量在 0.76~1.31 mg·g^{-1} 之间。黄酮化合物中红豆酮纤体素是由红甘草和红豆子植物提取而来,也可以通过生物合成获得。黄酮具有抗氧化、清除自由基、抑制血栓形成、降血压、降血脂、抑菌、抗病毒、消炎保肝和雌性激素等作用。

2.5.3 红小豆的保健作用

红小豆中含有黄酮、维生素 B$_1$ 和维生素 B$_2$、花色素和花色苷、烟酸、皂素类化合物等大量的功能活性物质,是一种很好的天然抗氧化食品。红小豆含有丰富的膳食纤维和优质蛋白质,属于低血糖指数食物,食用红小豆后血糖指数一般在 60 以下,且血糖上升速度较缓慢。但是对于某些糖尿病患者需要适度食用。红小豆中含有大量的淀粉,如果红豆与大米、面粉等主食混合食用,其碳水化合物的消化速率将有明显的降低,对糖尿病患者有重要的协助作用。皂角甙具有增尿的作用,可以达到解毒、解酒、消热的作用,有利于心脏病和肾病的治疗,具有消减水肿的作用;同时在红小豆中含有较多的膳食纤维,它可以辅助降低血压血脂、调节血糖的平衡、解毒、润肠通便、预防结石,以及对女生们的健美减肥都有促进的良好作用。红小豆中富含的黄酮类化合物、维生素 B$_1$、维生素 B$_2$、烟酸等具有生物活性的物质,它对机体内有害物质和自由基的清除有良好的促进作用,因此可以作为一种天然的抗氧化剂使用。同时它对延缓衰老、抗肿瘤、防治肿瘤类疾病和心脑血管疾病等方面具有重要作用。红小豆含有亚油酸,能促进体内胆固醇分解成胆汁酸并排出体外,防止胆固醇聚积,红小豆也能达到促进肌肤红润有光泽的功效。红小豆乙醇提取物(含有多酚物质)可有效控制血压,红小豆抗性淀粉具有降低血脂的作用,红小豆多酚物质具有降低血清胆固醇的功能,40%乙醇组分(EtEx. 40)能够有效降低小鼠血清胆固醇和甘油三酯含量。红小豆所含的维生素和膳食纤维等物质对心脏具有良好的保护作用。红小豆对金黄色葡萄球菌、副溶血性弧菌、嗜水气单胞菌、粪肠球菌的生长和繁殖具有明显的抑制作用,红小豆热水提取物中的花色苷可能是抑制狂犬病毒活性的主要物质。红豆含有的膳食纤维可有效刺激肠道蠕动,提高肠道毒素代谢,健脾益胃,加速食物吸收利用,可有效预防和改善便秘,促使排便顺畅,也对小便困难患者有食疗作用并降低血压。更重要的是,适合各年龄段安全无副作用地瘦身。红小豆汤对水肿有很好的食物疗效,红小豆中皂苷成分有利于肠胃的蠕动,以达到利水消肿的功效,同时适合各类型水肿人群,长期饮用还可使皮肤白皙、滋润。红小豆还有轻身功效,常食红小豆会使人身体轻快,身手敏捷,对肾脏型水肿、营养不良型水肿等有一定作用。

2.5.4　红小豆在种植过程中农药使用情况

全国种植红小豆面积较大,各种杂草问题十分严重,豆田除草已经成为不可忽视的问题。但是由于我国城镇化进程十分迅速,务农人员短缺,因此大多数农户采用化学药剂进行田间除草。化学药剂的除草剂在主粮作物中已广泛使用,效果极佳的同时还可节约劳动力。

农药是用于预防、控制或消除病虫草害的化学制剂,以及作为植物生长调节剂,几十年来在农业和环境防疫中获得了广泛的应用。其化学成分主要有五类:有机氯、有机磷、氨基甲酸酯、拟除虫菊酯和拟除虫菊酯化合物。农药已成为仅次于化肥的第二大人造化学品,确保了全世界近三分之一的农作物产量,在控制病媒、清除有害微生物和经济方面有重大好处。

一项关于农业中使用的主要农药的综述发现,农药中含量最高的是除草剂、杀菌剂和杀虫剂。最常见的植物除草剂是莠去津,其次是金属草。除草剂分为对土壤处理和对茎叶处理两种。对茎叶处理的除草剂又可分为对禾本科杂草和阔叶类杂草起到防效。除草剂对各种杂草的防效作用,可能对红小豆的产量以及安全性也有一定的影响。杀虫剂是通过使昆虫痛苦来控制昆虫的。虽然它们对哺乳动物的毒性较低,但它们对生态系统有毒,并对环境造成影响。戊康唑和多菌灵是世界各地发现的地表水中最常见的杀菌剂。杀虫剂一旦进入水体,就会影响整个生态食物链,因为包括人类在内的其他动物以可能受到污染的水生动物为食。另一个担忧是杀虫剂的混合,在这种情况下,这种混合物可能比任何单一化合物的毒性更大。有机磷农药有着广泛的应用,这种农药的特点在于效率高、降解容易,对于害虫防治有着比较理想的效果。以农业领域中的豆类为例,在生产种植过程中有机磷农药能够有效防治害虫,施加有机磷农药具体到种类可达二十多种。草酰胺类主要用于预防治疗植物病、杂草、虫害。当前粮食中农药的使用情况,主要有乙草胺、丙草胺、戊炔草胺等类别。

黄春艳等采用田间小区试验方法表明精异丙甲草胺乳油、乙草胺乳油、二甲戊灵乳油单用,对阔叶杂草的防效略好。丙炔氟草胺分别与精异丙甲草胺、乙草胺、二甲戊灵混用的综合除草效果总体趋势优于噻吩磺隆与3种除草剂混用。试验所用的8种除草剂对红小豆均较安全,虽然3种茎叶处理除草剂对红小豆有轻微的药害,但都可以恢复正常生长,红小豆产量比对照有大幅提高,土壤处理红小豆增产率在 33.3%~758.3% ,茎叶处理红小豆增产率在 250.0%~675.0%。付迪等,通过田间实验表明,氟磺胺草醚 EC、异噁草松 EC、嗪草酮 WP 具有不仅除草效果好还可以增产的作用。王鑫等人采用随机区组设计的方法,研究了适合红小豆田的化学除草技术。收乐通对田禾本科杂草的防效可达 100%;高效盖草能、拿捕净、威霸、精稳杀得防效都在 90% 以上,并且在除草剂的土壤处理中,禾耐斯(1 500 mL)+赛克(750 g)+水(750 g)是一种极其适宜的配方,对阔叶杂草的防效可达 80%;90% 禾耐斯对禾本科杂草防效可达 77%,这几种化学试剂以及配方对红小豆均安全。刘振兴等认为,小豆田理想的除草措施是用 15% 乙羧氟草醚 EC+15% 精稳杀得 EC 在小豆出苗后进行茎叶喷施,小豆药害较轻,施药 5 d 后药害症状基本得到缓解,生长恢复正常,可兼防除两类杂草,对禾本科杂草的株防效为 85.8%、鲜重防效为 90.3%,对阔叶类杂草的株防效为 90.8%、鲜重防效为 92.6%。

王延志等人,研究精禾草克、红火可与苍灵克可以混用于防除红小豆与芝豇田中杂草,安全性高,红小豆4叶以上可以施药,施药时间为上午或者下午,人工施药,且施水量稍大,勿重复施药,乙羧氟草醚在红小豆、芝豇田禁止使用。李洁等人采用田间小区试验方法,探究了土壤处理除草剂和茎叶处理除草剂单用及混合使用对红小豆田杂草的除草效果及产量的影响,结果表明,33%二甲戊灵乳油播后苗前喷雾、25%氟磺胺草醚水剂+10%精喹禾灵乳油苗后喷雾对杂草的防治效果较好,防效达 83.8%;其产量达 2 534 kg·hm^{-2},增产效果显著,是红小豆田理想的除草剂组合。

孙浩等人的研究数据结果表明,黑龙江省农田及大豆田农药用量与粮食产量有着密切的相关性,特别是除草剂用药量与粮食产量变化趋势大体一致,呈逐年上升趋势;单位面积农药使用量与单位面积粮食产量也有着较高的一致性。近年来,辛硫磷、氧化乐果占黑龙江省大豆田杀虫剂总用量比例较高;多菌灵、甲基托布津占黑龙江省大豆田杀菌剂总用量比例较高;氟磺胺草醚、乙草胺占黑龙江省大豆田除草剂总用量比例较高。

2.5.5　红小豆农药残留

化学试剂的使用量逐渐增加,农药的使用保持了农作物的质量与数量。然而用于保护作物生长的农药除了作用于杂草之外,不可避免地喷溅到土壤以及作物表层。农药残留及其代谢物在水体、空气、土壤以及各种环境中均存在,据统计,在各种环境与生物基质中检测到的几种农药,通常微观浓度从 $ng \cdot L^{-1}$ 到 $\mu g \cdot L^{-1}$,在整个农田喷洒除草剂过程中,有 95% 以上的除草剂可以达到目标物以外的目的地。

近年报道,对 32 种除草剂产品防除对象的汇总阐述中,适用于红小豆的除草剂有精吡氟禾草灵、乙草胺、氟乐灵、氟磺胺草醚、二甲戊灵、拿扑净、恶唑禾草灵、莠去津、烯草酮。在生产过程中存有自行使用的情况,例如,异丙草胺、异丙甲草胺等。

从 20 世纪 60 年代开始,开发出了有机除草剂和农药(三嗪、2,4-二氯苯氧乙酸、草甘膦等)用于种植业,这些分子可以极大地提高农业效率。三嗪类除草剂对多种杂草的光合作用有明显的抑制作用,它们在世界各地都有广泛的应用,但是三嗪类除草剂大多具有较长的残留期。在生产过程中,三嗪类除草剂不仅可以通过作物转移到食物中,还可以进入水系统,残留积累相当大。因此三嗪类除草剂广泛分布对人类健康产生威胁导致出生缺陷、癌症和激素功能中断等问题。

莠去津是一种合成三嗪类除草剂,用于控制阔叶杂草。在 20 世纪首次引入,一般是单独使用或与其他除草剂混合应用于农业中。农药使用量排世界第二,年消费在 7 万~9 万吨。因为较长的半衰期,对土壤和地表水均会造成污染,在意大利、芬兰和德国都已经禁止使用莠去津,因为其代谢产物或者残留物在农田和地表水中可能持续存在数年。

2.5.6　红小豆除草剂检测现状

传统的农药检测方法,如气相色谱和液相色谱,在低检出限下具有高选择性和高灵敏度。然而,这些方法局限于一些缺点,如费力、需要高技能人力和使用昂贵的工具等。因此,据报道,一种先进的农药测定方法使用基于传感器的技术,具有几个优点,包括低成本、简单、快速操作、高灵敏度和选择性的现场检测,检测限低于传统色谱方法。生物传感器的检测方法主要有光学传感器、电化学传感器、压电传感器和分子印迹聚合物传感器。

Peng 等人,建立并验证了超高效液相色谱—串联质谱(UHPLC-MS/MS)对多种鱼类和海产品中的 26 种三嗪类除草剂进行定性定量分析的方法。在传统的 QuEChERs 纯化剂中加入 EMR-脂质,提出了一种基于改进的 QuEChERs 的简便样品制备方法。26 种三嗪类除草剂的 $LOQs$ 值在 $0.5 \sim 1.0 \ ng \cdot g^{-1}$ 之间。Jiang 等人的研究将羧化碳纳米管水相掺杂到苯乙烯和二乙烯基苯油相中,然后通过简单的热聚合形成高内相乳液,成功制备了两亲性多孔共聚物。在优化的操作条件下,合成的共聚物可以从土壤中分离出三嗪类除草剂。西玛津、扑灭通和扑草净的最大吸附量分别为 $25.4 \ \mu g/g$、$26.5 \ \mu g/g$ 和 $27.8 \ \mu g/g$;加标回收率为 $87.56\% \sim 97.67\%$,聚合物稳定,对三嗪类除草剂的吸附和解吸在较短的时间(10 min)内完成,无明显干扰。Jiang 等人将 MIL-101(Cr)和壳聚糖直接嵌入三聚氰胺海绵材料的骨架上。壳聚糖在除草剂的检测中起着吸附助剂的作用。采用涡流辅助固相萃取,结合高效液相串联质谱法,对水样中 6 种三嗪类化合物(莠去通、敌草净、扑灭通、莠灭净、扑草净和排草净)进行萃取和痕量测定。该方法成功地应用于 4 个真实水样(饮用水、自来水、湖水和江水)中痕量三嗪类除草剂的测定,回收率在 $78.9\% \sim 18.6\%$ 之间。该方法对加标水样中三嗪类除草剂的检出限为 $0.014 \sim 0.045 \ ng \cdot mL^{-1}$。Rubira 等人采用表面增强拉曼散射法检测低浓度银纳米颗粒(pp-ppm)下的扑草净除草剂。在中性和碱性 pH 下进行的,扑草净通过形成配位电荷转移键与金属表面相互作用。在 pH=11 条件下,扑草净的检出限为 $1.2 \times 10^{-7} \ mol \cdot L^{-1}$(28 ppb),在 pH=7 条件下,检出限为 $5.3 \times 10^{-7} \ mol \cdot L^{-1}$(128 ppb)。且 pH 值为 11 时的检测限与管理机构允许 PRM 在饮用水中的浓度相当。Sanagi 等人建立了基于漂浮有机液滴固化的分散液—液微萃取方法(DLLME-SFO),用于分析三嗪类除草剂。选用西玛津、莠去津、塞布米顿和草净津四种三嗪除草剂估计提取效率。使用 10 μL 十一烷醇作为萃取溶剂,100 μL 乙腈作为分散剂和 5%(w/v)NaCl 的条件下 3 min 的实验结果表明:优化的 DLLME-SFO 方法的重复性($RSD\%$)为 $0.03\% \sim 5.1\%$,线性范围为 $0.01 \sim 100$ ppb。检出限低($0.037 \sim 0.008$ ppb),富集系数高($195 \sim 322$)。Jérémy Le Gall 等人,演示了用于检测水污染物的水凝胶门控有机场效应晶体管(HGOFET)。能进行光合作用的蓝藻细菌被困在接枝在晶体管铂栅上的水凝胶中。利用栅极电极上蓝藻产生或消耗的氧气的电还原,分别在光照和黑暗下连续监测光合作用。除草剂如敌草隆和草甘膦的存在强烈地影响了蓝藻的光合活性,这种活性被转换成设备栅极电流的显著下降,用于对除草剂检测。

Fan 等人基于六氰铁酸镍纳米颗粒(NiHCF NPs)和电化学还原氧化石墨烯

（ERGO），设计了一种简便、无标记的检测莠去津（ATZ）的电化学感应传感器。NiHCF NPs 作为信号探针固定在 ERGO/GCE 上，具有明确的峰和良好的稳定性。然后，将金纳米粒子（Au NPs）电沉积在 NiHCF NPs/ERGO 上以锚定适配体，提高电极的电导率和稳定性。加入莠去津后，传感器表面产生的导电性差的莠去津适配体复合物增加了电子传递的阻碍，导致电化学信号降低。利用信号变化定量检测莠去津。

Mei 等人，报道了磁增强整体固相管内微萃取（ME-MB/IT-SPME）对环境水样中三嗪类化合物的有效萃取。首先，在熔融二氧化硅内合成了掺杂磁性纳米粒子的聚甲基丙烯酸辛酯—聚乙二醇二甲基丙烯酸酯整体毛细管柱。之后，整体毛细管柱被放置在一个磁线圈中，允许在吸附和解吸步骤中施加可变磁场。研究了磁场强度、吸附和解吸速率、样品体积和解吸溶剂、pH 值和基体离子强度等因素对 ME-MB/IT-SPME 对三嗪类化合物吸附性能的影响。在优化条件下，ME-MB/IT-SPME 在 64.8% ~ 99.7% 之间具有较好的定量效率。同时，将 ME-MB/IT-SPME 与高效液相色谱—二极管阵列检测相结合，对水样中的 6 种三嗪类化合物进行了检测。检出限（S/N 1/4 3）和定量限（S/N 1/4 10）分别为 $0.074 ~ 0.23 \ mg \cdot L^{-1}$ 和 $0.24 ~ 0.68 \ mg \cdot L^{-1}$。

Rodríguez-González 等人建立了一种快速、简便、选择性强、灵敏的测定 9 种三嗪类除草剂和 8 种降解产物的方法，采用在线固相萃取—超压液相色谱—串联质谱联用技术，在 11 min 内对所有化合物同时进行分析，通过测定检出限、定量限、校准曲线和精密度，研究验证参数。定量限为 $0.023 ~ 0.657 \ \mu/gL$。所有化合物均在 $R^2 > 0.99$ 范围内具有良好的线性关系。

Cao 等人制备了羧基改性聚丙烯腈纳米纤维毡（COOH-PAN NFsM）作为固相萃取（SPE）吸附剂，用于环境水样中莠去津（ATZ）及其有毒代谢产物脱异丙基拉津（DIA）和脱乙基拉津（DEA）的快速高效萃取。水样只需简单过滤，经过预处理的 COOH-PAN NFsM，将提取、纯化、浓缩一步到位，洗脱液采用高效液相色谱—二极管阵列检测（HPLC-DAD）直接分析。在此条件下，10 mL 水样中目标物仅用 4 mg COOH-PAN NFsM 即可完全提取，400 L 甲醇即可洗脱，吸附解吸效率高。直径在 $0.4 ~ 40.0 \ ng \cdot mL^{-1}$ 范围内，DEA 和 ATZ 在 $0.3 ~ 40.0 \ ng \cdot mL^{-1}$ 范围内实现了满意的线性。检出限分别为 $0.12 \ ng \cdot mL^{-1}$、$0.09 \ ng \cdot mL^{-1}$ 和 $0.09 \ ng \cdot mL^{-1}$；LOD 已满足地表水水质监测水平的要求，表明该方法具有较好的灵敏度。

Williams 等人利用"气泡滴单滴微萃取法"对农业土壤中异丙甲草胺和阿特

拉津除草剂从喷洒到收获进行了跟踪。该方法在 $0.01 \sim 1.0$ ng·mL^{-1} 浓度范围内与莠去津和异丙甲草胺呈良好的线性关系（$R^2 = 0.999$），LOD 值分别为 0.01 ng·mL^{-1} 和 0.02 ng·mL^{-1}。使用热水提取法和无痕拔插方法从土壤基质中释放这些除草剂。

Tortolini 等人提出了一种基于抑制的生物传感器，用于快速、简单、廉价地测定莠去津。该方法是基于对丝印电极固定的蘑菇酪氨酸酶（Tyr）的抑制。苯乙烯基吡啶的聚乙烯醇（PVA-SbQ）作交联剂，Nafion 膜作物理包埋，或牛血清白蛋白与戊二醛作化学包埋，将酪氨酸酶固定在电极表面。在邻苯二酚作为底物存在的情况下，阿特拉津对催化邻苯二酚氧化为邻醌的酶具有抑制作用。在最佳实验条件下，以 PVA-SbQ 为固定方法的 MWCNTs 丝网印刷电极表现出了最佳的催化效率。该生物传感器与莠去津的线性范围在 $0.5 \times 10^{-6} \sim 20 \times 10^{-6}$，$LOD$ 为 0.3×10^{-6}，重复性和稳定性均可接受。

Liu 等人将金纳米颗粒固定在金电极表面，建立了一种简单、选择性强、灵敏度高、无标记的莠去津电化学免疫传感器。修饰后的金电极具有良好的电化学活性。通过增加工作电极的表面积，捕获更多抗阿特拉津单克隆抗体，实现了高灵敏度的检测。以铁氰化物为电化学氧化还原指示剂，采用循环伏安法（CV）和电化学阻抗谱（EIS）表征了免疫传感器的整个制备过程。通过差分脉冲伏安法（DPV）检测抗阿特拉津单克隆抗体与阿特拉津之间的相互作用触发信号。在最佳条件下，阿特拉津在缓冲液中的检出限为 0.016 ng·mL^{-1}，线性范围为 $0.05 \sim 0.5$ ng·mL^{-1}。

参考文献

[1] 胡新中，李小平，马蓁，等. 中国燕麦荞麦产业发展与加工增值[C]. 粮食食品与营养健康产业发展科技论坛暨行业发展峰会. 2016.

[2] 皇甫红芳，苏占明，李刚. 燕麦的营养成分与保健功效[J]. 现代农业科技，2016,(19):275-276.

[3] 宋旭东，赵桂琴，柴继宽. 不同类型除草剂的田间防效及其对裸燕麦带壳率和产量的影响[J]. 草业学报，2016,25(1):171-178.

[4] 汪晓红，潘万明，陈茜. 啶氧菌酯250克/升悬浮剂防治辣椒炭疽病、葡萄黑痘病田间试验研究[J]. 农药科学与管理，2012(08):59-62.

[5] 朱爽. 啶氧菌酯和吡虫啉高效杀菌杀虫组合物对黄瓜白粉病及蚜虫的防治

效果研究[J]. 现代农业科技, 2013, (16): 102-102.

[6] 王立媛, 张晶, 谭莹, 等. QuEChERS 法结合气相色谱-质谱法测定果蔬中 3 种植物生长调节剂[J]. 卫生研究, 2015(04): 675-677.

[7] 扎西次旦, 潘虎, 代艳娜, 等. 气相色谱—串联质谱法测定青稞中除草剂 2, 4-D 丁酯残留[J]. 现代农业科技, 2015, (4): 139-140, 142.

[8] 张丽娟, 李峰, 付金元, 等. 北方地区红小豆高产栽培技术探讨[J]. 南方农机, 2020, 51(23): 84-85.

[9] 刘怡辰, 郑华艳, 史海慧, 等. 薏米红豆的综合利用现状[J]. 粮油与饲料科技, 2020(3): 21-24.

[10] 张姚瑶, 邓源喜, 董晓雪, 等. 红豆营养保健价值及在饮料工业中的应用进展[J]. 安徽农学通报, 2017, 23(12): 153-156.

[11] 孙丽丽, 董银卯, 李丽, 等. 红豆生物活性成分及其制备工艺研究进展[J]. 食品工业科技, 2013, 34(04): 390-392+396.

[12] 刘振兴, 石春雨, 周桂梅, 等. 除草剂对小豆田间杂草防效和产量的影响[J]. 河北农业科学, 2016, 20(4): 15-18.

[13] 王静丽. 草酰胺类农药在粮食(大豆、玉米)中残留量的测试方法[J]. 齐齐哈尔大学学报(自然科学版), 2018, 34(2): 81.

[14] 付迪, 孔祥清, 金永玲, 等. 不同土壤处理除草剂对红小豆田除草效果及产量的影响[J]. 农药, 2015, 54(6): 461-463.

[15] 李杰. 几种除草剂对红小豆田间杂草的防除效果及产量的影响[J]. 山西农业科学, 2018, 46(7): 1168-1171.

[16] 孙浩. 黑龙江省大豆田农药用量及未来变化趋势研究与分析[J]. 豆类科学, 2018. 37(6): 932-942.

[17] Jérémy LG, SandraV, Nicolas B, et al. lgae-functionalized hydrogel-gated organic field-effect transistor[J]. Application to the detection of herbicides. Electrochimica Acta, 2021, 372: 137881.

[18] Peng J, Gan JH, Jua XQ, et al. Analysis of triazine herbicides in fish and seafood using a modified QuEChERS method followed by UHPLC-MS/MS[J]. Journal of Chromatography B 2021, 1171: 122622.

[19] Peng Y, Fang W, Krauss M, et al. Screening hundreds of emerging organic pollutants (EOPs) in surface water from the Yangtze River Delta (YRD): Occurrence, distribution, ecological risk[J]. Environmental Pollution 2018,

241：484e493.

[20]Battaglin WA, Smalling KL, Anderson C, et al. Potential interactions among disease, pesticides, water quality and adjacent land cover in amphibian habitats in the United States[J]. Science of the Total Environment, 2016, ：566−567：320−332.

[21]NarenderanST, Meyyanathan SN, Babu B. Review of pesticides residue analysis in fruits and vegetables. Pre−treatment, extraction and detection techniques [J]. Food Research International, 2020, 133：109141.

[22]Jie P, Jh G, Xq J, et, al. Analysis of triazine herbicides in fish and seafood using a modified QuEChERS method followed by UHPLC−MS/MS[J]. Journal of Chromatography B, 2021, 1171：122622.

[23]JiangXQ, RuanGH, Deng HF, et al. Synthesis of amphiphilic and porous copolymers through polymerization of high internal phase carboxylic carbon nanotubes emulsions and application as adsorbents for triazine herbicides analysis [J]. Chemical Engineering Journal, 2021, 415：129005.

[24]JiangYX, QinZC, LiangFH, et al. Vortex−assisted solid−phase extraction based on metal−organic framework/chitosan−functionalized hydrophilic sponge column for determination of triazine herbicides in environmental water by liquid chromatography−tandem mass spectrometry[J]. Journal of Chromatography A, 2021, 1638：461887.

[25]Rubira RJG, FuriniLN, ConstantinoCJL, et al. SERS detection of prometryn herbicide based on its optimized adsorption on Ag nanoparticles[J]. Vibrational Spectroscopy, 2021, 114：103245.

[26]Jérémy LG, Sandra V, Nicolas B, et al. Algae−functionalized hydrogel−gated organic field−effect transistor. Application to the detection of herbicides[J]. Electrochimica Acta, 2021, 372：137881.

[27]FanaLF, ZhangCY, YanWJ, et al. Design of a facile and label−free electrochemical aptasensor for detection of atrazine[J]. Talanta, 2019, 201：156−164.

[28]MeiM, HuangXJ, Yang XD, et al. Effective extraction of triazines from environmental water samples using magnetism−enhanced monolith−based in−tube solid phase microextraction [J]. Analytica Chimica Acta, 2016, 937：69−79.

［29］RodríguezGN，Beceiro GE，González－CastroMJ，et al. On－line solid－phase extraction method for determination of triazine herbicides and degradation products in seawater by ultra－pressure liquid chromatography － tandem mass spectrometr［J］. Journal of Chromatography A，2016，1470：33-41.

［30］CaoWX，YangBY，QiFF，et al. Simple and sensitive determination of atrazine and its toxic metabolites in environmental　water by carboxyl modified polyacrylonitrile nanofibers mat-based solid-phase extraction coupled with liquid chromatography-diode array detection［J］. Journal of Chromatography A，2017，1491：16-26.

［31］Cristina T，Paolo B，Riccarda A，et al. Inhibition-based biosensor for atrazine detection［J］. Sensors and Actuators B 2016，224：552-558.

［32］ZhaoHY，JiXP，WangBB，et al. An ultra-sensitive acetylcholinesterase biosensor based on reduced graphene oxide－Au nanoparticles－β－cyclodextrin/Prussian blue-chitosan nanocomposites for organophosphorus pesticides detection ［J］. Biosensors and Bioelectronics，2015，65：23-30.

［33］Liu W，GuoYM，LuoJ，et al. A molecularly imprinted polymer based a lab-on-paperchemiluminescence device for the detection of dichlorvos ［ J ］. Spectrochimica Acta Part A：Molecular and Biomolecular Spectroscopy，2015，141：51-57.

［34］TanXC，Qi Hu，Jiawen Wu，et al. Electrochemical sensorbased on molecularly imprinted polymerreduced graphene oxide andgold nanoparticles modified electrodefor detection of carbofuran［J］. Sensors and Actuators B，2015，220：216-221.

［35］LiHX，YanX，LuGY，et al. Carbon dot-based bioplatform for dualcolorimetric and fluorometric sensing of organophosphate pesticides ［ J ］. Sensors & Actuators：B. Chemical，2018，260：563-570.

［36］LiH，SuD，Gao H，et al. Design of redemissive carbon dots：robust performance for analytical applications inpesticide monitoring［J］. Analytical Chemistry，2020，92（4）：3198-3205.

［37］SuD，HanX，YanX，et al. Smartphone-assisted robust sensing platform for on-site quantitation of 2,4-dichlorophenoxyacetic acid using red emissive carbon dots［J］. Analytical Chemistry，2020，92：12716-12724.

[38] KongD, JinR, WangT, et al. Fluorescent hydrogel test kit coordination withsmartphone: robust performance for on − site dimethoate analysis[J]. Biosensors & Bioelectronics, 2019, 145:111706.

[39] LiX, JiangX, LiuQ, et al. Using N − doped carbon dots preparedrapidly by microwave digestion as nanoprobes and nanocatalysts for fluorescence determination of ultratrace isocarbophos with label − free aptamers[J]. Nanomaterials, 2019, 9(2).

[40] WuM, Fan Y, Li J, et al. Vinyl phosphate−functionalized, magnetic, molecularly-imprinted polymeric microspheres′enrichment and carbon dots′ fluorescence − detection of organophosphoruspesticide residues[J]. Polymers,2019, 11: 1770.

[41] ZhaoX, KongD, JinR, et al. On − sitemonitoring of thiram via aggregation − induced emission enhancement ofgold nanoclusters based on electronic − eye platform[J]. Sens. Actuators B,2019, 296: 126641.

[42] JinR, KongD, YanX, et al. Integratingtarget − responsive hydrogels with smartphone for on−site ppb−level quantitation of organophosphate pesticides[J]. ACS Appl. Mater. Interfaces,2019, 11: 27605−27614.

[43] XuXY, YanB, Lian X, et al. Wearable glove sensor for non−invasive organo-phosphorus pesticide detection based on a double − signal fluorescencestrategy [J]. Nanoscale, 2018, 10: 13722−13729.

[44] LiuQ, WangH, HanP, et al. Fluorescent aptasensing of chlorpyrifosbased on the assembly of cationic conjugated polymer − aggregated goldnanoparticles and luminescent metal−organic frameworks[J]. Analyst,2019, 144: 6025−6032.

[45] MehtaJ, DhakaS, PaulAK, et al. Dayananda, A. Deep, Organophosphate hy-drolase conjugated UiO−66−NH2MOF based highly sensitive optical detectionof methyl parathion[J]. Environ,2019, 174: 46−53.

[46] 邢宝龙, 杨晓明, 王梅春. 黄土高原食用豆类[M]. 北京: 中国农业科学技术出版社, 2015: 115−116.

[47] 程须珍. 中国食用豆类生产技术丛书[M]. 北京: 北京教育出版社, 2016. 5.

[48] ChávezMC, SánchezE. Bioactive compounds from Mexican varieties of the common bean(Phaseolus vulgaris): Implications for health[J]. Molecules, 2017, 22: 1360.

［49］CarvalhFP. Pesticides, environment, and food safety［J］. Food and Energy Security 2017, 6(2)：48-60.

［50］NeuwirthováN, TrojanM, SvobodováM, et al. Pesticide residues remaining in soils from previous growing season(s)-Can they accumulate in non-target organisms and contaminate the food web［J］. Science of The Total Environment, 2018, 646：1056-1062.

［51］MostafalouS, AbdollahiM. Pesticides：an update of human exposure and toxicity［J］. Archives of Toxicology, 2017, 91(2)：549-599.

［52］王炎. 食用豆类主要病害发生及防治［J］. 农药市场信息, 2019, 15：56.

［53］刘飞、邢宝龙、王桂梅，等. 5 种茎叶除草剂对芸豆田杂草的防除效果及产量影响［J］. 安徽农学通报, 2020, 26(21)：90-92.

［54］黄福旦、李斌、王国荣，等. 种除草剂防除小麦田杂草的效果［J］. 浙江农业科学, 2020, 61(3)：403-404.

［55］甘林、卢学松、兰成忠，等. 9 种除草剂对玉米田杂草的防除效果及其安全性评价［J］. 农药学学报, 2020, 22(3)：468-476.

［56］封云涛、郭晓君、李光玉，等. 33%二甲戊灵乳油及其不同处理方式防除胡萝卜田杂草试验［J］. 山西农业科学, 2018, 46(2)：265-302.

［57］李海金、晋凡生、李洁，等. 几种除草剂对红芸豆(Phaseolus vulgaris Linn)的田间杂草防除效果及产量的影响［J］. 农药, 2019, 58(9)：676-678.

［58］赵承真、黄美华. 四季豆常见三大病害症状、发病因素及绿色防控措施［J］. 特种经济动植物, 2018, 21(11)：53-54.

［59］NabizadehS, ShariatifarN, ShokoohiE, et al. Prevalence and probabilistic health risk assessment of aflatoxins B1, B2, G1, and G2 in Iranian edible oils［J］. Environmental science and pollution research, 2018, 25(35)：35562-35570.

［60］GomieroT. Food quality assessment in organic vs conventional agricultural produce：Findings and issues［J］. Applied Soil Ecology, 2018, 123：714-728.

［61］GonzálezN, MarquèsM, NadalM. et al. Occurrence of environmental pollutants in foodstuffs：A review of organic vs. conventional food［J］. Food and Chemical Toxicology, 2019, 125：370-375.

［62］DanezisGP, AnagnostopoulosCJ, LiapisK. et al. M. A. Multi-residue analysis of pesticides, plant hormones, veterinary drugs and mycotoxins using HILIC chromatography － MS/MS in various food matrices［J］. Analytica Chimica

Acta,2016, 942：121-138.

[63]FangL, LiaoXF, JiaBY. et al. Recent progress in immunosensors for pesticides [J]. Biosensors and Bioelectronics,2020, 164：112255.

第3章　液相萃取—固体吸附剂分散固相萃取玉米中的霉菌毒素

3.1　引言

1960 年,英国发生约 10 万只火鸡因黄曲霉毒素急性中毒死亡事件,并在次年证实黄曲霉毒素具有严重的致癌性后,霉菌毒素引起人们的广泛注意。霉菌毒素,又叫真菌毒素,是由一些霉菌(主要包括曲霉属、青霉属及镰孢属)在生长成熟后产生的一系列有毒次级代谢产物。根据霉菌生长环境的不同,霉菌毒素可分为田间毒素和仓储毒素两类。霉菌的鉴定和分类在传统上以形态和培养特征为主要依据,但霉菌的形态特征复杂,其形态研究也因没有标准和共同的表述及具有较大的人为主观性而经常受到质疑。常见的霉菌毒素主要有 AFB1、ZEN、DON、FUM、赫曲霉毒素(OTA)等,其中对粮食污染较为严重且对畜禽健康影响较为严重的主要是 AFB1、ZEN、DON。霉菌毒素是真菌的天然有毒次生代谢物,能够干扰许多器官和系统,尤其是肝、肾、神经系统、内分泌系统和免疫系统,引发人类和动物疾病。霉菌毒素在生产上严重危害着畜禽的健康,间接危害着人类的健康,并给畜禽企业造成严重的经济损失。因而,建立霉菌毒素快速而有效的检测方法可预防霉菌毒素的污染,降低毒素中毒事件的发生,提升畜产品的质量与安全。

作为人口大国,我国储粮数量大、储期长,而且粮食流通量大。每年北粮南运的运输量约占粮食总产量的 10%,跨省流通量约占粮食年产量的 30%,粮食流通总量约占粮食年产量的 50%,粮食流通领域储藏工作显得极其重要。针对北粮南运数量逐年增加,在散粮集装箱运输过程中的粮食安全问题日益严峻。水是微生物生存的必需条件,储粮及运输环境的水分条件,包括大气湿度、仓房湿度、粮堆湿度和粮食含水量,其中粮堆湿度和粮食含水量对粮食微生物的生长发育有直接的影响。干生性霉菌生长的最低相对湿度为 65% 左右,与之相平衡的粮食水分,就是通常所说的"安全水分"。在粮食微生物的区系中,以中温性的微生物最多,危害也最大。它们生长的最适温度为 20~40℃,生长的最低温度为 5~15℃。因此对于玉米散粮集装箱运输过程中的霉菌生长情况要进行监测和及时测定,已更好地抑制霉菌生长,保证散粮安全。霉菌的存在是产生霉菌毒素的先决条件,霉菌毒素是霉菌的天然有毒的次生代谢物,建立快速而有效的霉菌毒素检测方法可预防霉菌以及其毒素的污染。

3.2　材料与方法

3.2.1　样品

随机抽取集装箱内三个品种玉米样品,分为样品 1、样品 2、样品 3,将样品粉碎,保证 75%的玉米样品过 80 目筛网,混匀,用四分法取样,−20℃下密封保存待测。

3.2.2　试剂和设备

乙腈和甲醇:色谱纯,美国 Thermo-Fisher 公司;甲酸、甲酸铵:色谱纯,美国 Sigma-Aldrich 公司;十八烷基硅烷键合相硅胶(C18)、乙二胺−N−丙基硅烷键合相硅胶(PSA)、石墨化碳(GCB)、氨基键合相硅胶(NH$_2$):美国 Agilent 公司;正己烷、硫酸镁和氯化钠:分析纯,北京试剂厂。实验所用水均为 Milli-Q 超纯水。

霉菌毒素:黄曲霉毒素 B1(AFB1)、黄曲霉毒素 B2(AFB2),杂色曲霉素(ST)、黄绿青霉素(CIT),每种霉菌毒素对照品均用乙腈配制浓度为 100 μg·mL^{-1},作为标准储备液。所有的标准储备液在 4℃的冰箱中储存。每周用乙腈稀释标准储备液制得标准工作溶液(10 μg·mL^{-1})。

Agligent1260 型高效液相色谱仪:美国 Agilent 公司,高速冷冻离心机(Allegra 64R,美国贝克曼公司);Eclipse XDB-C18 柱(150 mm×4.6 mm i.d.,3.5 μm,安捷伦,美国);预柱(7.5 mm × 2.1 mm I.D.,5 μm,安捷伦,美国);RE−52AA 真空旋转蒸发器(中国,上海,亚荣);KQ2200E 型超声波水浴清洗器(昆山仪器设备有限公司,昆山市,中国)。

由于霉菌毒素毒性极强,危害身体健康,污染环境,因此在实验过程中需做好防护,避免霉菌毒素与皮肤接触。实验所用容器、操作台以及接触过霉菌毒素的物品须用 5%次氯酸钠—丙酮溶液消毒,容器在密闭消毒液中浸泡至少 30 min,然后再用水洗涤。

3.2.3　色谱条件

色谱柱:Eclipse XDB-C18 柱(150 mm×4.6 mm i.d.,3.5 μm,安捷伦,美国)

柱温:35℃

流动相 A:0.1%甲酸水溶液;流动相 B:甲醇。

梯度洗脱程序:0.0 min→2.0 min,5% B;2.0 min→10.0 min,5% B→50% B;10.0 min→12.0 min,50% B→60% B;12.0 min→25.0 min,60% B→90%B。

流速:0.5 mL·min⁻¹

进样量:10 μL

3.2.4　萃取过程

准确称取 5.000 g(精确至 0.001 g)按照 3.2.1 处理后的玉米粉末样品于 50 mL 带盖离心管中,加入 16 mL 0.5%(体积浓度)甲酸水溶液并在高速均质器中均质 30 s,剧烈振荡 5 min 后,加入 6 mL 萃取剂(乙酸乙酯:正己烷=1:1) 0.3 g NaCl,超声 5 min,样品在 0℃以 15 000 r/min 离心 5 min,上清液转移至另一支含有 80 mg 吸附剂(40 mg 硅藻土+40 mgPSA)的离心管中,混合物在搅拌器中混合 1 min,以 1 5000 r/min 离心 5 min。然后,将上清液转移至玻璃烧瓶中,旋转蒸干后用 100 μL 溶剂(乙腈)回溶,PTFE 滤膜过滤后进样分析。

3.2.5　方法评价

1. 线性关系

用上述方法分析添加了霉菌毒素的样品。以峰面积相对于分析物的浓度制作标准曲线。数据的线性以线性相关系数评价。

2. 精密度和回收率

对于同一样品,一天内分析 5 次,求得日内精密度,对于同一样品,在五天内每天分析一次,求得日间精密度。日内和日间精密度以相对标准偏差(RSDs)表示。继而,就得到了萃取平均回收率。

3. 检出限和定量下限

检出限(LOD)和定量下限(LOQ)分别是产生 3 倍和 10 倍信噪比时对应的最低浓度值。

3.3 结果与讨论

3.3.1 萃取条件优化

1. 萃取溶剂类型和用量的影响

实验考察了乙腈(acetonitrile, ACN)、丙酮(acetone, AO)、乙酸乙酯(ethyl acetate, EA)、正己烷(hexane, HA)和乙酸乙酯∶正己烷(EA/HA, $V:V=1:1$)5种萃取溶剂对霉菌毒素萃取回收率的影响。如图3-1所示,由于乙腈的极性较强,不能有效地渗透进入高脂肪类样品,不利于对分析物的萃取。正己烷是非极性的,虽然能够有效地渗透进入样品,但对极性较强的霉菌毒素的溶解能力有限,导致目标分析物的回收率较低。而由于乙酸乙酯低毒、易蒸发、极性中等,并且获得的色谱图更干净,乙酸乙酯和正己烷的萃取率较高,这也是由于在净化步骤中,采用吸附剂从正己烷溶液中吸附分析物,脂肪保留在溶液中,因此消除了脂肪对分析物萃取的影响。因此本实验选择乙酸乙酯和正己烷(EA/HA, $V:V=1:1$)作为萃取溶剂。

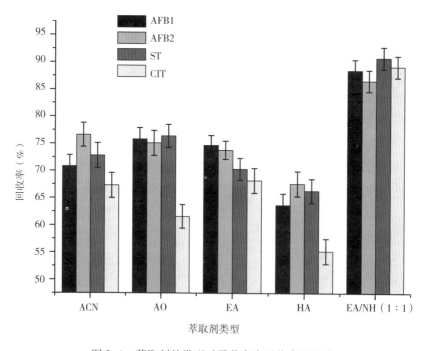

图3-1 萃取剂的类型对霉菌毒素回收率的影响

　　实验还考察了萃取剂在 2.00~8.00 mL 范围内对分析物萃取回收率的影响。随着萃取剂体积的增加,分析物的回收率先增加后基本不变。在 6.00 mL 时,分析物的回收率达到最大。为了萃取充分,本实验选择乙酸乙酯和正己烷用量为 6.00 mL。

2. 超声萃取时间的影响

　　通过在 2~6 min 内进行单因素实验来评估超声萃取时间对霉菌毒素回收率的影响。结果如图 3-2 所示,当萃取时间从 2~ 5 min 增加时,分析物的峰面积明显增大,但当萃取时间继续延长时回收率却基本不再变化。因此,选定萃取时间为 5 min。

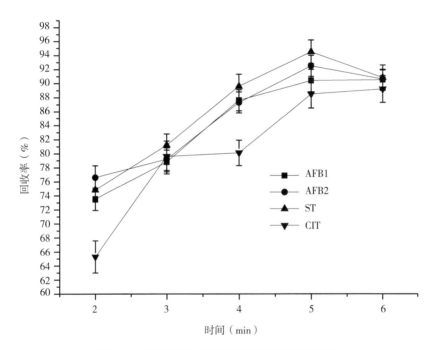

图 3-2　超声萃取时间对霉菌毒素回收率的影响

3. 吸附剂类型和用量的影响

　　霉菌毒素是一类带有极性的分子物质,如黄曲霉毒素便是一种带强阳极性的分子,选择吸附剂时需要分子结构带有电极性,且具有离子交换能力,才能很好地吸附霉菌毒素。不同的吸附剂,吸附能力也不尽相同,如沸石、膨润土是单极性的,遇水会发生膨胀,只能吸附黄曲霉毒素,同时还会吸附水溶性的营养养分;绿泥石带双极性,具有最佳的阳离子交换平衡,遇水不会发生膨胀,吸附毒素能力强,范围广,不但能吸附黄曲霉毒素,还会吸附呕吐毒素、玉米赤霉烯酮、T-2毒素等多种有害毒素,且不会吸附营养。本试验调查了不同吸附剂[C18、硅藻土(Diatomite)、PSA、中性氧化铝(Al₂O₃)、硅藻土+PSA]对霉菌毒素萃取分析物回收率的影响,如图3-3所示,当选择硅藻土和PSA混合吸附剂时四种霉菌毒素的回收率最高。

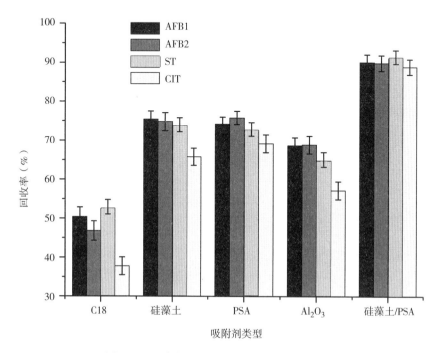

图3-3　吸附剂对霉菌毒素萃取回收率的影响

实验还考察当混合吸附剂的量从0变至250 mg时对萃取率的影响。结果表明,吸附剂含量太少不能充分净化,霉菌毒素分析物的回收率随混合吸附剂的量增加而增大;当混合吸附剂量等于80 mg时,回收率达到最大,当混合吸附剂的量大于80 mg时,回收率略微降低,因此,在本工作中吸附剂的用量选择80 mg是合适的。

3.3.2　方法评估

1. 线性

线性回归方程和相关系数如表3-1所示。该方法能够取得很好的线性,且全部分析物的相关系数都在0.997 5～0.998 9范围内,结果令人满意。

表 3-1　分析性能

霉菌毒素	线性方程	相关系数	线性范围 ($\mu g \cdot mL^{-1}$)	LOD ($\mu g \cdot kg^{-1}$)	LOQ ($\mu g \cdot kg^{-1}$)
AFB1	$A = 138.54c + 19.04$	0.998 1	0.25~100	3.5	10.4
AFB2	$A = 102.56c + 16.03$	0.998 9	0.25~100	4.8	16.3
ST	$A = 54.82c + 5.63$	0.997 5	0.25~100	7.2	35.1
CIT	$A = 39.53c + 7.21$	0.998 7	0.25~100	6.3	20.6

2. 精密度和回收率

日内精密度的检测是通过对加标玉米样品进行五次平行测定得到的。日间精度的检测是通过分析在不同的五天里的加标玉米样品得到的。表 3-2 列出了相对标准偏差和回收率。结果表明了日内精密度和日间精密度的可接受的标准偏差值范围分别为 1.8%~4.3% 和 3.2%~5.2%，回收率范围分别为 89.7%~105.9%。

表 3-2　样品分析结果

样品	霉菌毒素	加标量 ($\mu g \cdot mL^{-1}$)	回收率 (%)	日内精密度 RSD (%)	日间精密度 RSD (%)
1	AFB1	1.0	104.2	1.8	3.4
		10.0	103.1	1.7	3.6
	AFB2	1.0	101.8	2.0	4.1
		10.0	102.9	1.8	3.2
	ST	1.0	95.0	2.2	4.5
		10.0	98.3	1.9	3.6
	CIT	1.0	89.7	1.9	3.9
		10.0	92.1	2.4	5.2
2	AFB1	1.0	102.6	1.9	3.7
		10.0	103.5	1.8	3.6
	AFB2	1.0	100.6	2.0	4.3
		10.0	103.0	2.1	4.2
	ST	1.0	93.4	2.3	4.2
		10.0	95.5	2.1	4.8
	CIT	1.0	96.5	2.4	5.0
		10.0	94.8	2.5	5.1

续表

样品	霉菌毒素	加标量（μg·mL⁻¹）	回收率（%）	日内精密度 RSD（%）	日间精密度 RSD（%）
3	AFB1	1.0	102.9	2.0	4.7
		10.0	104.5	2.2	4.3
	AFB2	1.0	99.8.2	2.1	4.1
		10.0	102.7	1.9	3.6
	ST	1.0	97.4	1.7	3.2
		10.0	95.3	2.1	3.6
	CIT	1.0	90.2	1.9	4.1
		10.0	91.4	1.8	3.2

3. 检出限和定量下限

四种霉菌毒素的检出限（LOD）范围是 3.5~7.2 μg·kg⁻¹。所有分析物的定量下限（LOQ）均低于 10 μg·kg⁻¹，即上文提到的最大残留量。所以 LOQ 适用于本方法。

4. 样品分析

对实际样品进行分析能够得到很好的回收率（89.7%~105.9%）和精密度（≤5.2%）。色谱图如图 3-4 所示。

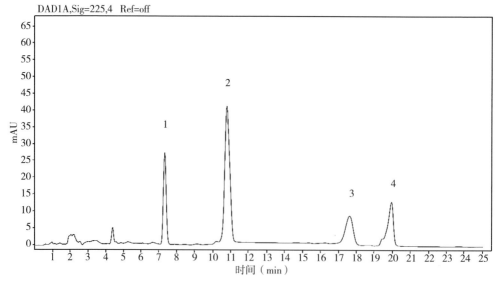

（a）标准对照品色谱图

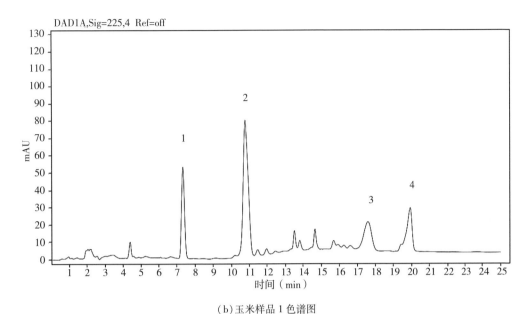

（b）玉米样品 1 色谱图

图 3-4　霉菌毒素色谱图

3.4　小结

采用液相萃取—固体吸附剂分散固相萃取玉米中的霉菌毒素。乙酸乙酯和正己烷混合试剂被用作萃取溶剂。与乙腈相比，乙酸乙酯和正己烷更便宜、更环保并且获得的萃取液更干净。用少量的 NaCl 代替盐的混合物，避免固体样品中的盐结块。常规方法采用吸附剂吸附脂肪，除脂量较少，难以处理脂肪含量大的萃取液。本实验采用混合吸附剂在非极性体系中吸附分析物，除脂量大，萃取液中脂肪含量对萃取效率几乎无影响。

该方法扩大了高脂肪类固体样品中霉菌毒素萃取溶剂的选择。选择合适的溶剂并对混合吸附剂进行优化，这在提高高脂肪类固体样品中霉菌毒素的萃取和净化效率方面很有前景。通过改变实验参数，该方法还可进一步用于复杂样品（无脂、低脂或高脂类样品）中霉菌毒素残留的萃取分析。

参考文献

［1］魏文忠，梁艳红，马红峰，等．粮食中真菌毒素检测技术研究进展［J］．粮油

食品科技, 2012, 20(2):37-39.

[2]张西亚. 玉米中四种真菌毒素的免疫分析检测技术研究[D]. 北京:中国农业大学, 2017.

[3]徐子伟, 万晶. 饲料霉菌毒素吸附剂研究进展[J]. 动物营养学报, 2019, 31(12):5391-5398.

[4]史海涛, 曹志军, 李键, 等. 中国饲料霉菌毒素污染现状及研究进展[J]. 电化教育研究, 2019, 45(4).

[5]范国燕. 玉米主要霉菌毒素体外评定与吸附剂研发[D]. 泰安:山东农业大学, 2015.

[6]徐晶, 张海霞, 曲婷婷. 霉菌及霉菌毒素对玉米的危害及防控对策和建议[J]. 黑龙江粮食, 2017(9):43-44+46.

[7]食品安全国家标准食物中霉菌毒素的限值:GB 2761-2017 [S]. 北京:中国标准出版社, 2017.

[8]Commission E. Commission Regulation (EC) No 1881/2006 Setting Maximum Levels for Certain Contaminants in Foodstuffs. 2006. .

[9]Mrama B, Am C, Apd E, et al. Headspace mode of liquid phase microextraction:A review[J]. TrAC Trends in Analytical Chemistry, 2019, 110:8-14.

[10]Farajzadeh M A , Feriduni B , Moghaddam M . Development of a new version of homogenous liquid - liquid extraction based on an acid - base reaction:application for extraction and preconcentration of aryloxyphenoxy - propionate pesticides from fruit juice and vegetable samples[J]. Rsc Advances, 2016, 6(18):14927-14936.

[11]Farajzadeh, Mir, Ali, et al. Ringer tablet-based ionic liquid phase microextraction:Application in extraction and preconcentration of neonicotinoid insecticides from fruit juice and vegetable samples[J]. Talanta:The International Journal of Pure and Applied Analytical Chemistry, 2016, 160:211-216.

[12]Ali F M , Bakhshizadeh A M , Afshar M , et al. Simultaneous derivatization and lighter - than - water air - assisted liquid - liquid microextraction using a homemade device for the extraction and preconcentration of some parabens in different samples. [J]. Journal of Separation Science, 2018, 41(15):3105-3112.

[13]Farajzadeh MA, Abbaspour M, Mohammad R A , et al. Determination of Some

Synthetic Phenolic Antioxidants and Bisphenol A in Honey Using Dispersive Liquid – Liquid Microextraction Followed by Gas Chromatography – Flame Ionization Detection[J]. Food Analytical Methods,2015,8(8).

[14] Mohebbi A, Farajzadeh M A, Yaripour S, et al. Determination of tricyclic antidepressants in human urine samples by the three－step sample pretreatment followed by HPLC－UV analysis：an efficient analytical method for further pharmacokinetic and forensic studies[J]. EXCLI journal,2018,17.

[15] 韩艺烨,邓年,谢建军,等.酸辅助分散液液微萃取-高效液相色谱-串联质谱法测定果汁中多种真菌毒素[J].分析化学,2019, 47(3):455-462.

[16] 刘艳平. QuEChERS 方法在复杂基质中兽药残留及霉菌毒素分析检测中的应用[D].杭州：浙江工业大学,2017.

[17] Natalia AM, Karl D R, Valdet U, et al. In－house validation of a rapid and efficient procedure for simultaneous determination of ergot alkaloids and other mycotoxins in wheat and maize[J]. Analytical and Bioanalytical Chemistry, 2018,410(22).

[18] 马桂娟,朱捷,汤丽华,等.分散固相萃取-UPLC-MS/MS 同时测定枸杞籽油中 14 种真菌毒素[J].食品与发酵科技,2019, 55(1):95-100.

第4章 离子液体溶剂浮选荞麦汁中的4种三嗪除草剂

4.1 引言

三嗪除草剂是目前很多国家广泛使用的除草剂,在全世界范围内应用越来越多,很多研究者针对三嗪除草剂的毒性进行研究,发现并证明他们对环境和人类具有很大的危害,这类除草剂会危害人体、动植物以及水生生物的健康,破坏免疫系统,甚至致癌。很多国家已经将三嗪除草剂列入内分泌干扰化合物名单,因此,三嗪类除草剂对人类和环境的潜在危害不容忽视。很多国家已经制定了最大残留限量,在欧盟,玉米、蔬菜以及农作物上的杀虫剂的最大残留限量有明确的法律规定[欧盟指令 2002/32/EC,法规(EC)396 号/ 2005,2008 / 149 / EC 委员会指令和委员会法规(欧盟)212 号/ 2013],除草剂的最大残留限量为 $0.05\sim0.1 \ mg \cdot kg^{-1}$。环境保护署规定,大多数农产品的除草剂最大残留限量为 $0.25 \ mg \cdot kg^{-1}$。最大残留限量是进出口农产品检测的重要指标。因此,有效的控制和检测三嗪类除草剂残留是非常重要的。

但是,由于目前样品基质的复杂性和低残留量的影响,直接进行色谱检测很难,因此样品的前处理技术,包括萃取、分离和浓缩等更应该受到重视,样品前处理技术影响着分析数据精密度和准确度,通常情况下,主要的误差来源也产生于样品处理和操作。近几年,越来越多的萃取方法发展起来,应用于有毒和危害性污染物的萃取、分离和预浓缩,例如液液萃取(LLE)、固相萃取(SPE)、固相微萃取(SPME)、微波辅助萃取(MAE)、动态微波辅助萃取(SPME)、浊点萃取(CPE)、基质固相分散(MSPD)、分子印记固相萃取(MISPE)、分散固相萃取(DSPE)、分散液液微萃取(DLLME)和压力液相萃取(PLE)。这些前处理方法已经成功地用于测定环境水样、土壤以及生物样品中污染物的残留。

本文研究的是用离子液体泡沫浮选技术有机溶剂萃取荞麦汁样品中的四种除草剂,包括草净津、敌草净、密草通、特丁津。目前,对除草剂的提取和研究主要集中于环境样品,而对荞麦汁样品的研究很少。高效液相色谱法用于测定四种三嗪除草剂,离子液体作为提取溶剂和发泡剂,研究和优化各种实验影响因素。

4.2　材料与方法

4.2.1　实验药品和试剂

草净津（Cyanazine）、敌草净（Metribuzin）、密草通（Secbumeton）、特丁津（Terbuthylazine）均来自中国药品生物制品检定所（北京）。$[C_2MIM][BF_4]$，纯度>98.0%、$[C_4MIM][BF_4]$，纯度>99.0%、$[C_6MIM][BF_4]$，纯度>98.0%、$[C_8MIM][BF_4]$，纯度>99.0%、$[C_2MIM][PF_6]$，纯度>98.0%、$[C_4MIM][PF_6]$，纯度>98.0%、$[C_6MIM][PF_6]$，纯度>98.0%、$[C_8MIM][PF_6]$，纯度>97.0% 和 $[C_6MIM]Cl$，纯度为 98.0% 均来自上海成杰化工有限公司（上海）。乙腈、甲醇（色谱纯）均来自 Dikma 科技有限公司（美国）。其他所有分析纯试剂均来自北京化工厂，实验用水为 Milli-Q 高纯水。

用甲醇配制除草剂的标准溶液为 500 $\mu g \cdot mL^{-1}$，实验过程中根据需要用甲醇稀释来改变标准溶液的浓度，即配即用。所有的标准储备溶液避光保存在温度为 4℃ 的环境中。

4.2.2　材料和仪器

1 200 高效液相色谱仪（美国 Agilent 公司）；XDB-C18 色谱柱（150 mm×4.6 mm id, 3.5um，美国 Agilent 公司），柱温控制在 30℃，样品进样量为 20 μL，流动相：乙腈：水=80：20，检测波长为 228 nm，参考波长和带宽分别为 360 nm 和 4 nm。氮气吹干仪。

整套实验系统安置在实验室中，该系统原理图如图 4-1 所示。

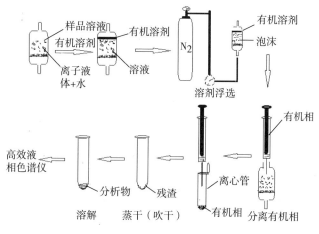

图 4-1　离子液体溶剂浮选原理图

4.2.3 离子液体溶剂浮选

将荞麦充分研磨,过80目筛,加水混匀,在50 mL烧杯中加入10 mL荞麦汁样品,随后再加入30 μL离子液体,剧烈阵摇,得到混合液,随后将混合液转移到浮选瓶内,加入5 mL有机溶剂,打开载气,设定流量为200 mL·min^{-1},浮选时间设为10 min,随着浮选继续,目标分析物会随泡沫转移到有机相中,如图4-1所示。浮选完毕后,用注射器抽取出余下的有机溶剂,用氮气吹干仪将其吹干,用乙腈溶解,过膜,用高效液相色谱仪测定。

4.3 结果与讨论

1. 离子液体类型的影响

离子液体作为提取剂和发泡剂,起到非常重要的作用。在准备实验中,我们选择了[C_2MIM][BF_4],[C_4MIM][BF_4],[C_6MIM][BF_4],[C_8MIM][BF_4],[C_2MIM][PF_6],[C_4MIM][PF_6],[C_6MIM][PF_6],[C_8MIM][PF_6]和[C_6MIM]Cl这9种离子液体。经过分析发现,[C_2MIM][BF_4],[C_4MIM][BF_4],[C_2MIM][PF_6]和[C_4MIM][PF_6]这4种离子液体发泡能力较低,因为离子液体的发泡能力取决于阳离子位上烷基链的长度。因此,本实验主要测定[C_6MIM][BF_4],[C_8MIM][BF_4],[C_6MIM][PF_6],[C_8MIM][PF_6]和[C_6MIM]Cl对回收率的影响。如图4-2所示,选择[C_8MIM][BF_4]做离子液体时,回收率最高。因此,选择[C_8MIM][BF_4]做离子液体提取和发泡剂。

本实验对[C_8MIM][BF_4]的体积对回收率的影响也进行了研究。如图4-3所示,在10~30 μL之间,回收率随体积的增长逐渐上升;在30~50 μL之间,回收率基本不变。因此,离子液体的最佳体积为30 μL。

2. 载气流量的影响

载气的流量影响着气泡的形成量和浮选效率。结果如图4-4示。当载气(氮气)流量很低时,几乎没有气泡形成,导致低的回收率;随着氮气流量的增加,气泡的数量和回收率也随之增加;然而,当流量太高时,溶液中会形成涡流,使溶剂表面的气泡回到溶液中,导致低的回收率。实验中设置的氮气流量为200 mL·min^{-1}。

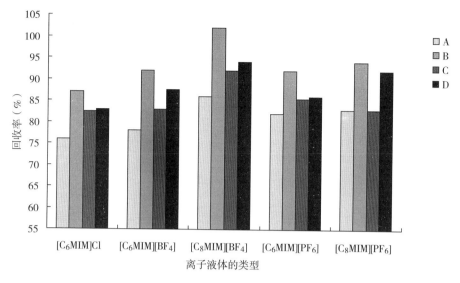

图 4-2　离子液体类型对实验的影响

A—草净津　B—敌草净　C—密草通　D—特丁津

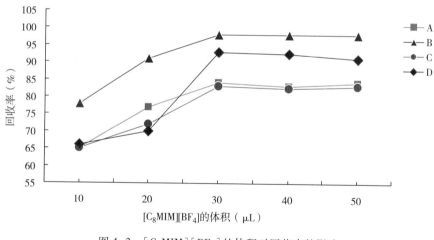

图 4-3　[C₈MIM][BF₄] 的体积对回收率的影响

A—草净津　B—敌草净　C—密草通　D—特丁津

3. 浮选时间的影响

浮选时间影响着分析物的回收率。如图 4-5 示,当浮选时间太短时,三嗪除草剂不能完全从混合样品中提取出;当浮选时间达到 10 min 时,分析物的回收率达到最大值。因此,浮选时间设定为 10 min。

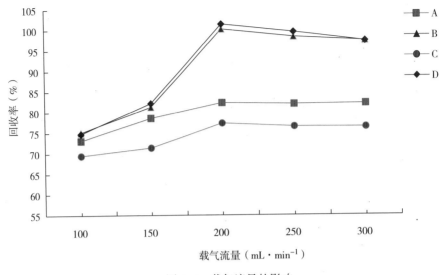

图 4-4　载气流量的影响

A—草净津　B—敌草净　C—密草通　D—特丁津

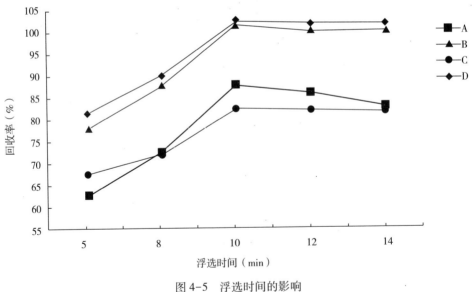

图 4-5　浮选时间的影响

A—草净津　B—敌草净　C—密草通　D—特丁津

4. 有机溶剂类型的影响

实验中分别采用正丁醇、环己烷、乙酸乙酯、石油醚作为有机溶剂,研究结果如图 4-6 所示,发现乙酸乙酯做有机溶剂时,回收率最高,因此,选择乙酸乙酯做有机溶剂进行实验。

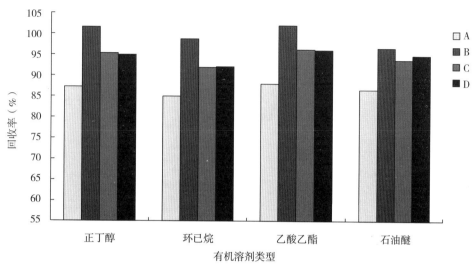

图 4-6　有机溶剂类型的影响

A—草净津　B—敌草净　C—密草通　D—特丁津

4.4　评估方法

4.4.1　线性关系

以混合标准溶液浓度为横纵标,以得到的色谱图对应标准品的峰面积为纵坐标绘制标准曲线,结果见表 4-1,从数据中得出 4 种除草剂在 0.100～2.00 mg·L^{-1} 范围内线性良好,相关系数大于 0.999 2。

表 4-1　线性关系

除草剂	线性范围（mg·L^{-1}）	回归方程	相关系数 r
草净津	0.100～2.00	$A = 9.8 \times 10^4 c - 3.64 \times 10^3$	0.999 7
敌草净	0.100～2.00	$A = 8.6 \times 10^4 c + 1.43 \times 10^3$	0.999 6
密草通	0.100～2.00	$A = 8.1 \times 10^4 c - 8.15 \times 10^3$	0.999 6
特丁津	0.100～2.00	$A = 9.7 \times 10^4 c - 4.09 \times 10^3$	0.999 3

4.4.2　检出限和定量限

检出限和定量限如表 4-2 所示。检出限和定量限计算方程为:

$$LOD = 3s/k \qquad (1)$$

$$LOQ = 10s/k \qquad (2)$$

式中:s——通过分析空白样品时所获得的标准偏差;

k——标准曲线的斜率。

表 4-2　检出限与定量限

除草剂	LOD（$\mu g \cdot L^{-1}$）	LOQ（$\mu g \cdot L^{-1}$）
草净津	0.11	0.37
敌草净	0.08	0.28
密草通	0.12	0.40
特丁津	0.07	0.23

4.4.3　精密度和加标回收实验

表 4-3 为在荞麦汁空白样品中添加 3 个浓度水平的 4 种除草剂的混合标准溶液进行回收率实验的测定结果。

表 4-3　荞麦汁样品分析结果

序号	除草剂	加标水平（$\mu g \cdot mL^{-1}$）					
		0.2		0.5		1	
		回收率（%）	相对偏差（%）	回收率（%）	相对偏差（%）	回收率（%）	相对偏差（%）
1	草净津	86.7	3.2	85.3	3.0	87.2	3.1
	敌草净	101.1	3.0	99.7	2.8	102	2.9
	密草通	88.9	3.3	91.4	3.2	90.6	3.4
	特丁津	93.4	2.3	94.8	2.6	97.3	2.4
2	草净津	85.9	3.4	86.7	2.9	87.5	3.1
	敌草净	101.3	3.1	100.2	2.8	101.7	2.7
	密草通	88.3	2.4	91.6	3.0	90.4	3.1
	特丁津	94.1	2.7	94.5	2.6	96.9	3.3
3	草净津	86.3	3.3	85.2	2.6	87.6	3.1
	敌草净	101.7	2.7	99.4	2.2	102.1	3.0
	密草通	87.3	2.7	92.3	3.2	90.6	3.6
	特丁津	93.6	3.1	94	3.0	97.7	2.5

标准溶液、加标样品和空白样品的典型色谱图如图 4-7 所示。

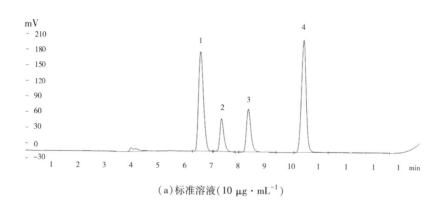

（a）标准溶液（10 μg·mL⁻¹）

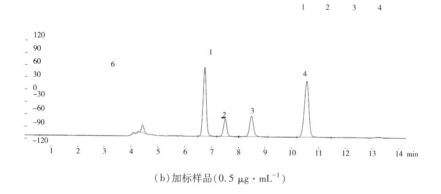

（b）加标样品（0.5 μg·mL⁻¹）

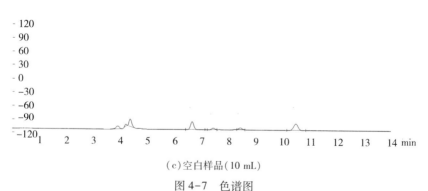

（c）空白样品（10 mL）

图 4-7　色谱图

1—草净津　2—敌草净　3—密草通　4—特丁津

4.5　小结

本实验通过对离子液体溶剂浮选荞麦汁样品中的四种除草剂的提取条件进行优化,得出荞麦汁样品最佳浮选条件:选用$[C_8MIM][BF_4]$作为离子液体,体积为 30 μL;有机溶剂为乙酸乙酯,体积 5 mL,载气流量为 200 mL·min^{-1},浮选时间为 10 min。荞麦汁样品加标试验回收率良好,精密度较高,方法检出限较低。本实验方法适用于浮选荞麦汁中的三嗪除草剂。

参考文献

[1]Zhang LY, Wang Z. B, Li N, et al. Ionic liquid-based foam flotation followed by solid phase extraction to determine triazine herbicides in corn[J]. Talanta, 2014, 122, 43-50.

[2]Zhang LY, Yu RZ, Wang ZB, Li N, et al. Ionic liquid-based foam flotation followed by solid phase extraction to determine triazine herbicides in corn[J]. Journal of Chromatography B, 2014, 132：953-954.

[3]Zhang LY, Cao BC, Yao D, Yu RZ, et al. Separation and concentration of sulfonylurea herbicides in milk by ionic-liquid-based foam flotation solid-phase extraction[J]. Journal of Separation Science,2015, 38：1733-1740.

[4]Zhang LY, Yao D, Yu R. Z, Li N, et al. Extraction and separation of triazine herbicides in soybean by ionic liquid foam-based solvent flotation and high performance liquid chromatography determination[J]. Analytical Methods,2015, 7：1977-1983.

[5]Li N, Zhang LY, Nian L, et al. Dispersive micro-solid-phase extraction of herbicides in vegetable oil with metal-organic framework MIL-101[J]. Journal of agricultural and food chemistry,2015,63(8).

[6]Li N, Wang ZB, Zhang LY, Nian L, et al. Liquid-phase extraction coupled with metal organic frameworks-based dispersive solid phase extraction of herbicides in peanuts[J]. Talanta, 2014, 128:345-353.

[7]张丽媛, 姚笛, 李娜, 等. 离子液体均相液液微萃取-高效液相色谱法测定婴儿奶粉中 5 种三嗪类除草剂[J]. 色谱, 2015,33：753-758.

［8］Zhang LY，Wang CY，Li ZT，et al. Extraction of acetanilides in rice using ionic liquid－based matrix solid phase dispersion－solvent flotation［J］. Food Chemistry，2018，245：1190－1195.

［9］Zhang LY，Yu Zh R，Yu YB，et al. Determination of four acetanilide herbicides in brown rice juice by ionic liquid/ionic liquid－homogeneous liquid－liquid micro－extraction high performance liquid chromatography［J］. Microchem. Journal，2019，146：115－120.

第 5 章　离子液体均相液液微萃取荞麦中的三嗪除草剂

5.1　引言

食品中的农药残留问题是近年来被社会广泛关注的话题。三嗪类除草剂，即分子结构中均含有三嗪环结构的化合物，广泛用于大豆、玉米、水稻等农田杂草的去除。这类除草剂会残留于土壤、农作物，甚至流入水体，进入农产品中。据报道，三嗪类除草剂残留可能会引起生物体生理的紊乱，因此，这类除草剂在农产品中的残留及对环境造成的毒害越来越引起关注。AMALRIC L 等在当地土壤中发现停用 7 年的莠去津及其代谢产物。在西班牙 Salamanca 和 Zamora 地区的地表水和地下水中，CARABIAS R 等发现三嗪类除草剂残留。WANG H 等测定 10 种谷物样品中该类除草剂残留，50% 样品中检出残留物，残留量浓度在 6 ~ 28 $\mu g \cdot kg^{-1}$。三嗪类除草剂的最大残留限量（*MRL*）被全世界范围内多数国家和地区制定。美国环保署（EPA）和欧盟（EU, Commission Directive 2008/149/EC）分别规定蔬菜中的特丁津 *MRL* 为 0.25 $mg \cdot kg^{-1}$ 和 0.05 $mg \cdot kg^{-1}$。离子液体作为萃取溶剂或者起泡剂被广泛应用，近来报道关于基于离子液体泡沫浮选萃取、分离和富集玉米中的三嗪除草剂取得良好效果。

试验采用离子液体均相液液微萃取技术提取荞麦中三嗪除草剂。利用无机盐及酸去除样品中的蛋白质和脂肪等杂质。将亲水性离子液体和疏水性离子液体分别加入到溶液中得到均相浑浊液，高速离心后得离子液体富集相，用高效液相色谱仪进行分析。

5.2　材料与方法

5.2.1　仪器和试剂

Agilent 1200 型高效液相色谱仪，配有多波长检测器、真空脱气机和 Chemstation 工作站（美国 Agilent 公司）；粉碎机（JFSD-100-Ⅱ，上海嘉定粮油仪器有限公司);电子分析天平(ALC-310 型,上海民桥科学仪器有限公司);RE-52AA 型真空旋转蒸发仪(亚荣,上海,中国);超声波清洗器(KQ2200E,中国昆山仪器有限公司);高速离心机(Allegre 64R,美国贝克曼公司);纯水净化仪(Milli-Q,法国 Millipore 公司);移液枪(Finnpipetter F3,赛默飞世尔科技公司);微量注射器(美国 Agilent 公司)。

两种离子液体:1-己基-3-甲基咪唑四氟硼酸盐([C_6MIM][BF_4])、1-丁基-3-甲基-咪唑六氟磷酸盐([C_4MIM][PF_6])(均为分析纯,上海成捷化学有限公司)。

特丁通(terbumeton)、特丁津(terbuthylazine)、异戊乙净(dimethametryn)、异丙净(dipropetryn)标准品[国家药物和生物制品控制研究所(北京)],结构如图5-1 所示。

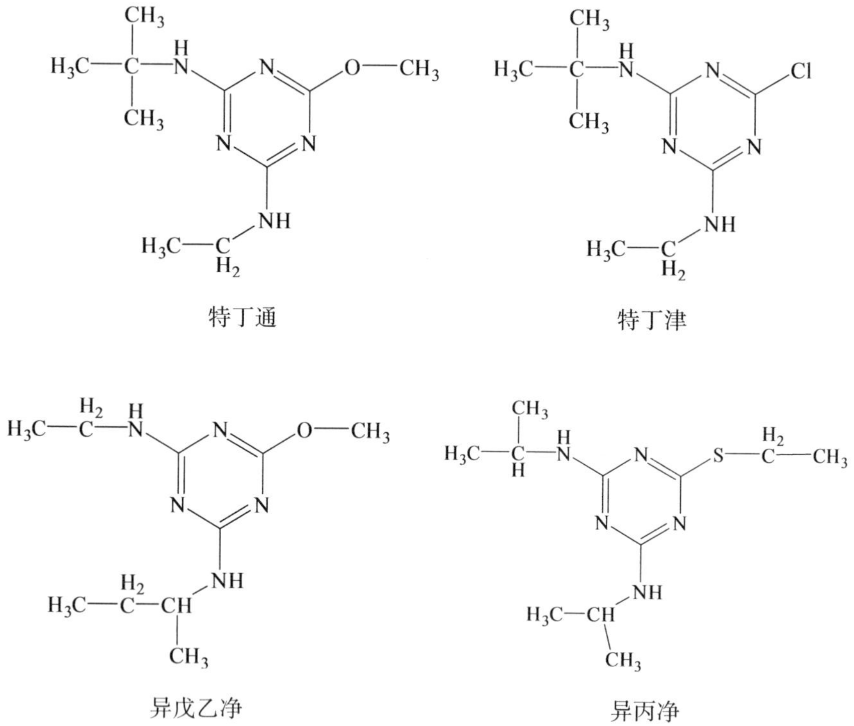

图 5-1　四种三嗪除草剂的结构

用甲醇配制浓度 500 $\mu g \cdot mL^{-1}$ 的 4 种三嗪除草剂的单标储备液,每周用甲醇稀释单标储备液制备单标工作溶液;同样的方法稀释配制不同浓度混合标准工作溶液;所有标准贮备和工作溶液在 4℃ 条件下避光储藏;乙腈、甲醇(均为色谱纯,美国赛默飞世尔有限公司);其他试剂均为国产分析纯;Milli-Q 高纯水。

5.2.2　样品溶液的制备

荞麦购于当地超市并于 4℃ 储存。取荞麦,粉碎,过 80 目筛,每份称取 3.00 g 荞麦粉末,放入聚四氟乙烯管中,加入 2 mL 水,混合均匀,用浓度为 50 g/L 的 NaCl 溶液调 pH=8,将 60 μL 的 $[C_6MIM][BF_4]$ 和 60 μL 的 $[C_4MIM][PF_6]$ 依次加入到样品溶液中,剧烈振荡,超声 3 min,在 -20℃ 的条件下保存 15 min,10 000 r/min,温度 5℃ 条件下高速离心 10 min,分相,将上清液完全倾倒去除,为减少离子液体萃取剂的损失,把乙腈直接加入到萃取管底部稀释离子液体至 250 μL。最终超声搅拌乙腈—离子液体混合相至均匀,用 0.22 μm 的聚四氟乙烯的滤膜过滤萃取相后,将其进入高效液相色谱仪进行检测。同样的方法制备加标样品溶液。

5.2.3　高效液相色谱法测定

色谱条件为 C18 色谱柱(250 mm×4.6 mm,5 μm),柱温 30℃,流动相流量 1.00 mL · min^{-1},进样体积 10 μL,紫外检测波长 228 nm。流动相为乙腈(A)和水(B),梯度洗脱:0～5 min,40%～60% A;5～15 min,60%～80% A;15～20 min,80%～40% A。

5.3　结果与讨论

5.3.1　离子液体均相液液微萃取条件的优化

在试验条件优化过程中,所有的试验进行 3 次平行样测定。

1. 亲水性离子液体体积的优化

提高目标物富集率的关键是选择一种合适的水溶性和疏水性离子液体。根据文献报道,在试验中选择 $[C_6MIM][BF_4]$ 和 $[C_4MIM][PF_6]$ 分别作为分散剂和萃取剂。$[C_4MIM][PF_6]$ 量固定为 60 μL 时,考察 $[C_6MIM][BF_4]$ 体积对回收率的影响。离子液体体积由 40 μL 提高到 60 μL 时,目标化合物回收率随着离子液体体积增大而提高;离子液体体积由 60 μL 提高到 80 μL 时,回收率保持恒定。这主要是因为作为配合产物的 $[C_6MIM][PF_6]$ 量不再随着离子液体体积增高而改变(图 5-2)。因此,选择 $[C_6MIM][BF_4]$ 体积为 60 μL。

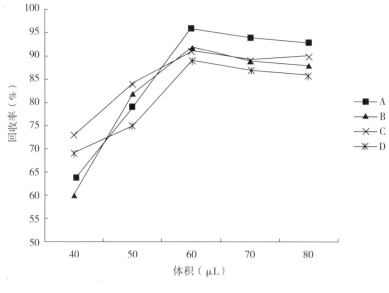

图 5-2　[C₆MIM][BF₄]体积的影响

A—特丁通　B—特丁津　C—异戊乙净　D—异丙净

2. [C₄MIM][PF₆]量的优化

考察疏水性离子液体对目标化合物回收率的影响。[C₄MIM][PF₆]量由 40 μL 提高到 60 μL 时,回收率明显升高;[C₄MIM][PF₆]量由 60 μL 上升到 80 μL 时,回收率没有发生改变(图 5-3)。因此,选择疏水性离子液体量 60 μL。

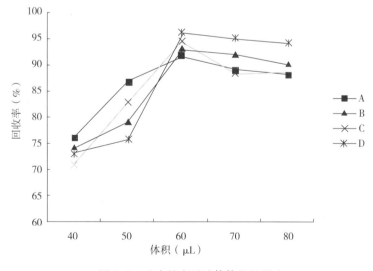

图 5-3　疏水性离子液体体积的影响

A—特丁通　B—特丁津　C—异戊乙净　D—异丙净

3. 萃取温度的优化

为了使荞麦中三嗪类除草剂提取更快,回收率更高,需要对样品进行超声,超声温度分别为 25℃,30℃,35℃,40℃ 和 45℃,利用离子液体均相微萃取对样品溶液进行提取,进入高效液相色谱中进行分析,结果表明,超声温度 35℃ 时除草剂的回收率最高。因此,超声温度定为 35℃。

4. 萃取超声时间的优化

理论上,萃取时间的提高有助于完善目标物在离子液体和水溶液之间的分配平衡,同时促进回收率提高。考察萃取时间对目标分析物回收率的影响。在 1~5 min 内,回收率随着萃取时间增长迅速上升,时间为 3 min 时,回收率达到最大值,而后恒定,可认为目标物在离子液体与水溶液之间已经分配平衡(图 5-4)。因此,选择萃取时间为 3 min。

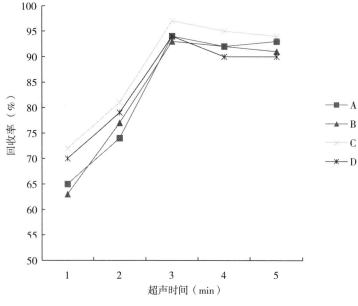

图 5-4 萃取超声时间的影响

A—特丁通 B—特丁津 C—异戊乙净 D—异丙净

5.3.2 方法的评价

1. 回归方程

对于一系列加标荞麦样品,在最佳试验条件下进行离子液体均相微萃取,用 HPLC 分析,根据液相色谱图上的峰面积与加标样品中的除草剂的浓度分别做方法工作曲线,其结果列于表 5-1,用这些方法工作曲线来计算方法检出限(LOD)和定量下限(LOQ)。LOD 和 LOQ 均由式(1)、式(2)得到。

$$LOD = 3\sigma/k \tag{1}$$

$$LOQ = 10\sigma/k \tag{2}$$

式中:σ——由不含目标物的样品得到的分析溶液为空白样品;

　　　　k——方法工作曲线斜率。

表 5-1　分析性能

三嗪除草剂	工作曲线	相关系数 R	线性范围 ($\mu g \cdot kg^{-1}$)	检出限 ($\mu g \cdot kg^{-1}$)	定量限 ($\mu g \cdot kg^{-1}$)
特丁通	$A = 26.381c - 4.549$	0.999 2	2.50~500.00	1.10	3.66
特丁津	$A = 28.937c + 3.798$	0.999 3	2.00~500.00	1.00	3.33
异戊乙净	$A = 24.491c + 13.984$	0.999 1	2.00~500.00	1.14	3.81
异丙净	$A = 28.482c - 6.779$	0.999 7	2.00~500.00	0.94	3.14

2. 精密度和回收率

为了评价方法的精密度和准确性,制备 3 个加标水平($0.5\ \mu g \cdot mL^{-1}$,$1.0\ \mu g \cdot mL^{-1}$ 和 $5.0\ \mu g \cdot mL^{-1}$)的加标样品进行日内精密度和日间精密度的分析,日内和日间精密度以相对标准偏差($RSDs$)表示。日内精密度是通过 1 d 之内平行测定 3 次加标样品所得到回收率的相对标准偏差。日间精密度是通过每天分析 1 次加标样品,连续分析 3 d 所得回收率的相对标准偏差。结果如表 5-2所示。

表 5-2　样品分析结果

三嗪类除草剂	加标量 ($\mu g \cdot mL^{-1}$)	回收率 (%)	日内精密度 RSD (%)($n = 3$)	日间精密度 RSD(%) ($n = 3$)
	0.50	98.1	2.3	4.4
特丁通	1.00	88.6	1.6	4.8
	5.00	83.2	2.0	3.3
	0.50	96.7	2.3	4.3
特丁津	1.00	86.1	1.7	3.4
	5.00	84.2	2.4	4.7
	0.50	96.3	2.3	4.5
异戊乙净	1.00	87.7	2.3	4.4
	5.00	83.9	2.4	3.3

续表

三嗪类除草剂	加标量 （μg·mL⁻¹）	回收率 （%）	日内精密度 RSD （%）（n=3）	日间精密度 RSD（%） （n=3）
	0.50	96.9	2.3	3.7
异丙净	1.00	88.5	1.9	4.4
	5.00	83.3	2.6	4.9

3. 样品分析

经过分析可知,所取荞麦样中不含待测的 4 种除草剂,在所取荞麦样中分别添加高、中和低浓度被测物混合标准溶液,用建立的方法提取荞麦样中的除草剂。方法的准确性用除草剂回收率衡量,其精确度用日内和日间精密度表示。由表 5-2 可知,4 种三嗪除草剂的回收率在 83.2%~98.1%,其精密度在 1.6%~4.9%。对于大多数目标物的试验结果令人满意。其液相色谱图如图 5-5 所示,方法可用于分离富集分析荞麦中的三嗪除草剂,且无干扰。

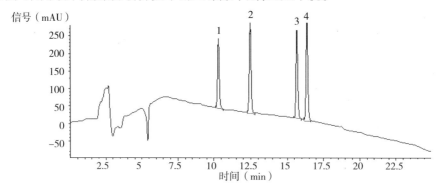

（a）标准溶液

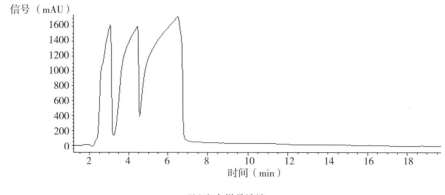

（b）空白样品溶液

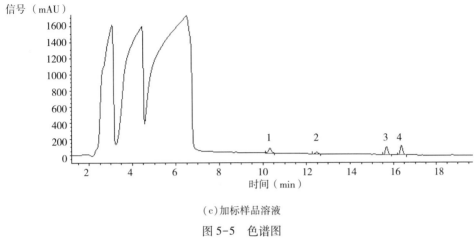

(c)加标样品溶液

图 5-5　色谱图

A—特丁通　B—特丁津　C—异戊乙净　D—异丙净

5.4　小结

在分离检测荞麦样品中三嗪类除草剂残留的过程中,离子液体均相液液微萃取技术被成功运用。与传统的分散液液微萃取技术不同,微量离子液体代替传统的挥发性有机溶剂作为提取剂,能够减少对环境和操作人员的危害;同时提高了离子液体的回收率。因此,可通过改变萃取条件,将方法运用于测定类似复杂基质样品中三嗪类除草剂的残留。

参考文献

[1]沈涛, 沈水荣, 姚艳玲. 凝胶渗透色谱及固相萃取技术测定蔬菜中 20 种农药的残留[J]. 上海交通大学学报(农业科学版), 2009, 27(1): 72-75.

[2]Smith G A, Pepich B V, Munch D. Preservation andanalytical procedures for the analysis of chloro-s-triazines and their chlorodegradate products in drinkingwaters using direct injection liquid chromatographytandem mass spectrometry [J]. Journal of chromatography A, 2008, 1202: 138-144.

[3]Amalric L, Mouvet C, Pichon V, et al. Molecularly imprinted polymer applied to the determination of the residual mass of atrazine and metabolites within an agricultural catchment (Brevilles France) [J]. Journal of Chromatography A,

2008, 1206: 95-104.

[4] Carabias R, RODRÍGUEZ E, Herrero E, et al. Determination of herbicides and metabolites by solid-phase extraction and liquid chromatography: Evaluation of pollution due to herbicides in surface and groundwaters [J]. Journal of Chromatography A, 2002, 950: 157-166.

[5] Carabias R, RODRÍGUEZ E, Fernaadez M E, et al. Evolution over time of the agricultural pollution of waters in area of Salamanca and Zamora (Spain) [J]. Water Research, 2003, 37: 928-938.

[6] Wang H, Li G, Zhang Y, et al. Determination of triazine herbicides in cereals using dynamic microwave-assisted extraction with solidification of floating organic drop followed by high-performance liquid chromatography [J]. Journal of Chromatography A, 2012, 1233: 36-43.

[7] Li N, Zhang R, Tian L, et al. Extraction of eight triazine and phenylurea herbicides in yogurt by ionic liquid foaming-based solvent floatation [J]. Journal of Chromatography A, 2012, 1222: 22-28.

[8] Zhang LY, Yao D, Yu R Z, et al. Extraction and separation of triazine herbicides in soybean by ionic liquid foam-based solvent flotation and high performance liquid chromatography determination [J]. Analytical Methods, 2015, 7: 1977 -1983.

[9] Zhang L Y, Cao B C, Yao D, et al. Separation and concentration of sulfonylurea herbicides in milk by ionic-liquid-based foam flotation solid-phase extraction [J]. Journal of Separation Science, 2015, 38: 1733-1740.

[10] 张丽媛, 姚笛, 李娜, 等. 离子液体均相液液微萃取-高效液相色谱法测定婴儿奶粉中5种三嗪类除草剂[J]. 色谱, 2015, 33(7): 753-758.

[11] Zhang L Y, Wang C Y, Li ZT, et al. Extraction of acetanilides in rice using ionic liquid-based matrix solid phase dispersion-solvent flotation [J]. Food Chemistry, 2018, 245: 1190-1195.

[12] Zhang LY, Yu R Zh, Yu YB, et al. Determination of four acetanilide herbicides in brown rice juice by ionic liquid/ionic liquid-homogeneous liquid-liquid micro -extraction high performance liquid chromatography [J]. Microchem Journal, 2019, 146: 115-120.

[13] Gao SQ, You JY, Zheng X, et al. Determination of phenylurea and triazine

herbicides in milk by microwave assisted ionic liquid microextraction high – performance liquid chromatography[J]. Talanta, 2010, 82: 1371–1377.

[14]Zhang LY, Wang ZB, Li N, et al. Ionic liquid–based foam flotation followed by solid phase extraction to determine triazine herbicides in corn [J]. Talanta, 2014, 122: 43–50.

第6章 离子液体溶剂浮选高效液相色谱法测定芸豆中5种磺酰脲类除草剂

6.1 引言

磺酰脲类除草剂(SUH)是继三嗪类除草剂后发展最快、应用范围逐渐扩大，由25种有机化合物组成的一类广谱除草剂。但已有报道称长期使用这类除草剂也会危害环境和人类的健康，由此可见，农产品中磺酰脲类除草剂的残留监测已经不容忽视。

在分析复杂基质时，样品的前处理是十分重要的。从各种样品中萃取磺酰脲类除草剂可以通过固相萃取、液液萃取、分子印迹、连续流动液膜萃取、分子印迹固相萃取、基质固相萃取和微波辅助溶剂萃取。分析样品主要是环境样品和蔬菜水果等，而有关杂豆样品中磺酰脲类除草剂残留检测的报道不多。尽管国家标准建立了 LC/MS 对几百种农残进行同步测定的方法，但是这种方法只能进行初步筛选，对磺酰脲类除草剂的针对性不强，有些物质回收率偏低。建立一种针对性强、操作简单、成本较低、应用范围广的多残留分析方法势在必行。

溶剂浮选法是近20年来发展起来的一种新型分离富集技术。它将一层有机溶剂加在待浮选的溶液表面，当某种惰性气体通过溶液时，利用溶液中存在的表面活性不同的各组分，利用气—液界面的吸附能力的差异而将各组分进行分离。分离后的组分富集于有机层，之后取出有机相，提取其中被捕集的成分。由于溶剂浮选有分离与富集同时完成的特点，因此在农残检测液—液萃取方面的应用非常广泛。离子液体作为萃取溶剂或者起泡剂被广泛应用，近年来报道了关于基于离子液体泡沫浮选萃取、分离和富集玉米中的三嗪除草剂。

为了扩大方法的应用，本实验利用离子液体溶剂浮选从芸豆样品中萃取和分离五种磺酰脲类除草剂，应用该方法萃取分离除草剂时并不需要提前将蛋白和脂肪等杂质从芸豆样品中除去，这样就大大减少了样品预处理的步骤。这是我们所知的第一次应用该方法与高效液相色谱结合萃取、分离和测定芸豆样品中的磺酰脲类除草剂。

6.2　材料与方法

6.2.1　仪器和试剂

Agilent 1 200 型高效液相色谱仪,配有多波长检测器、真空脱气机和 Chemstation 工作站(美国 Agilent 公司);粉碎机(JFSD-100-Ⅱ)(上海嘉定粮油仪器有限公司);电子分析天平(ALC-310 型)(上海民桥科学仪器有限公司);SH-36 型搅拌器(上海正慧仪器有限公司,中国);RE-52AA 型真空旋转蒸发仪(上海亚荣仪器公司,中国);超声波清洗器(KQ2200E)(中国昆山仪器有限公司);高速离心机(Allegre 64R)(美国贝克曼公司);纯水净化仪(Milli-Q)(法国 Millipore 公司);移液枪(Finnpipetter F3)(赛默飞世尔科技公司);微量注射器(美国 Agilent 公司);针式有机相滤膜(0.22μm)(天津兰博仪器有限公司)。

7 种离子液体:1-乙基-3-甲基咪唑四氟硼酸盐($[C_2MIM][BF_4]$)、1-辛基-3-甲基咪唑四氟硼酸盐($[C_8MIM][BF_4]$)、1-丁基-3-甲基咪唑四氟硼酸盐($[C_4MIM][BF_4]$)、1-辛基-3-甲基咪唑六氟磷酸盐($[C_8MIM][PF_6]$)、NH_4PH_6、1-己基-3-甲基咪唑六氟磷酸盐($[C_6MIM][PF_6]$)、1-丁基-3-甲基咪唑六氟磷酸盐($[C_4MIM][PF_6]$),分析纯,购于上海成捷化学有限公司。

甲磺隆、氯磺隆、苄嘧磺隆、吡嘧磺隆、氯嘧磺隆标准品均购自国家药物和生物制品控制研究所(北京),用乙腈配制浓度为 500 μg·mL^{-1} 的 5 种磺酰脲类除草剂的单标储备液,每周用乙腈稀释单标储备液制备单标工作溶液。同样的方法稀释配制不同浓度混合标准工作溶液。所有标准贮备和工作溶液在 4℃条件下避光储藏。乙腈、甲醇(色谱纯)购自美国赛默飞世尔有限公司。其他试剂均为国产分析纯,实验用水为 Milli-Q 高纯水。

6.2.2　样品溶液的制备

芸豆购于当地超市并于 4℃储存。取芸豆粒,粉碎,过 80 目筛,每份称取 3.00 g 芸豆粉末,放入干燥烧杯中,加入 10 μg·mL^{-1} 混标溶液 1 mL,加入丙酮混匀,室温 24 h 干燥后,再加入 30 mL 蒸馏水,20.0 μL 离子液体$[C_8MIM][BF_4]$,超声 5 min,用 1.0 mol/mL NaOH 溶液和 0.1 mol/mL 盐酸溶液将 pH 调为 8,制备成加标样品溶液备用。空白样品对照,称取 3.00 g 芸豆粉,放入干燥的烧杯中,加入 30 mL 蒸馏水,2 μL 离子液体$[C_8MIM][BF_4]$,超声 5 min,将 pH 调为 8,制备成空白样品溶液。

6.2.3　离子液体溶剂浮选

如图 6-1 所示,分别将制备的加标样品溶液移入浮选瓶中,加入正丙醇和乙酸乙酯各 5 mL,保持氮气流速为 50 mL·min⁻¹,浮选 10 min 后,将上层溶液取出,旋转蒸干后用 100 μL 乙腈溶液定容,得到分析溶液。分析溶液经 0.22 μm 滤膜过滤后引入 HPLC 进行分析。

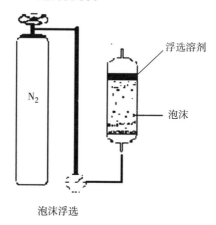

图 6-1　浮选示意图

6.2.4　高效液相色谱法测定

色谱条件为 C18 色谱柱(250 mm×4.6 mm,5 μm),柱温 30℃,流动相流量 1.00 mL·min⁻¹,进样体积 20 μL,紫外检测波长为 330 nm。流动相为乙腈(A)和水(B),梯度洗脱:0~5 min,40%~60%A;5~15 min,60%~80%A;15~20 min,80%~40%A。

6.2.5　方法评价

1. 线性关系

校正曲线(工作曲线)是由加标样品中目标分析物分析后得到的峰面积和其相应的浓度绘制而成。用上述萃取方法处理中加标的样品。以峰面积 A 对分析物的浓度 C 制作工作曲线。数据的线性以线性相关系数进行评价。检出限(LOD)和定量下限(LOQ)分别是产生 3 倍和 10 倍信噪比时对应的最低浓度值。

2. 精密度和回收率

对于同一样品,1 d 内分析 3 次,求得日内精密度,对于同一样品,在 3 d 内每天分析 1 次,求得日间精密度。日内和日间精密度以相对标准偏差($RSDs$)表示。

6.3 结果与讨论

6.3.1 离子液体溶剂浮选条件优化

在实验条件优化过程中,所有的实验进行 3 次平行样测定。

1. 离子液体的类型和用量的影响

由于离子液体不论是亲水性还是疏水性的在水溶液中都有起泡性,并且离子液体的起泡能力随着 1-碳链的加长而增强。因此,有必要考查离子液体类型对萃取回收率的影响。在实验中,考察了[C_8MIM][BF_4]、[C_2MIM][BF_4]、[C_4MIM][BF_4]、NH_4PH_6、[C_8MIM][PF_6]、[C_6MIM][PF_6]、[C_4MIM][PF_6]的萃取和浮选能力。如图 6-2 所示,由于用[C_8MIM][BF_4]时获得的回收率比用其他离子液体得到的回收率高。因此,选择[C_8MIM][BF_4]作为起泡剂和萃取剂。

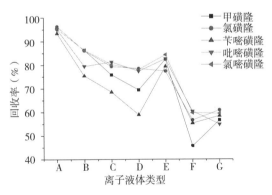

图 6-2 离子液体类型的影响

A—[C_8MIM][BF_4] B—[C_2MIM][BF_4] C—[C_8MIM][PF_6]

D—NH_4PH_6 E—[C_6MIM][PF_6] F—[C_4MIM][BF_4] G—[C_4MIM][PF_6]

实验还研究了[C_8MIM][BF_4]用量的影响,实验结果显示,随着离子液体量从 0.0 到 20.0 μL 增加,回收率也增加,当离子液体量再继续增加时,回收率几乎不变。故选择[C_8MIM][BF_4]的量是 20.0 μL。

2. 氮气流速的影响

以氮气作为载气,研究了载气流速对回收率的影响。改变氮气流速进行试验,如图6-3所示,当流速很低时,氮气没有足够的能力将除草剂从溶液中带到提取溶剂表面,因而除草剂的回收率也很低。随着氮气流速的增大,溶液中的泡沫也逐渐增多,浮选效率增大。当流速为 50 mL·min^{-1} 时,泡沫量达到最高,且浮选效率达到最佳。根据试验结果,选择氮气最佳流速为 50 mL·min^{-1}。

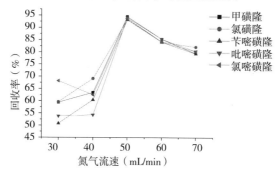

图 6-3　氮气流速对回收率的影响

3. 溶剂浮选时间的影响

浮选时间对于提高目标物的分离富集效率有很重要的影响。如图6-4所示,当浮选时间过短时,溶液中的除草剂不能完全从溶液中进入到有机溶剂层,当浮选时间达到 10 min 时,浮选基本达到平衡。随着浮选时间的继续增加,浮选效率开始降低。经过试验发现,90%的离子液体都在 10 min 内从溶液中转移到了提取溶剂中。故选择最佳浮选时间为 10 min。

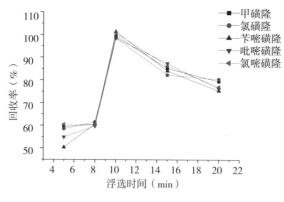

图 6-4　浮选时间的影响

4. 样品溶液 pH 的影响

试验考察了浮选溶液 pH 值从 6 变化到 10 时对于浮选效果的影响（图 6-5）。结果表明，当浮选溶液从 6 增加到 8 时，离子液体的起泡能力显著增强。随着溶液 pH 值的增大，溶液中磺酰脲类除草剂的回收率明显增大。pH 继续增加到 10 时，浮选效率开始降低。原因可能是随着碱性条件增强，离子液体的起泡能力迅速增加，限制了它的承载能力，使得很大一部分离子液体没办法在 10 min 内承载着目标物从溶液内部转移到有机溶剂中。故试验选择浮选溶液的 pH 值为 8。

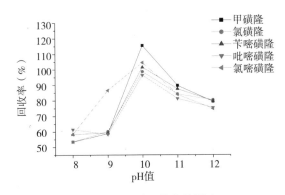

图 6-5　pH 对回收率的影响

6.3.2　方法评价

1. 回归方程

对于一系列加标芸豆样品，在上述最佳实验条件下进行离子液体溶剂浮选法提取，在用 HPLC 分析，根据液相色谱图上的峰面积与加标样品中的标准品的浓度分别做方法工作曲线，其结果见表 6-1，用这些方法工作曲线来计算方法检出限（$LODs$）和定量下限（$LOQs$）。

LOD 和 LOQ 均由以下公式得到：

$$LOD = 3\sigma/k \tag{1}$$

$$LOQ = 10\sigma/k \tag{2}$$

式中：σ——由不含目标物的样品得到的分析溶液，为空白样品；

k——方法工作曲线的斜率。

该方法能够取得很好的线性且全部分析物的相关系数都在 0.998 3 到 0.999 9 范围内，结果令人满意。

表 6-1　分析性能

目标分析物	线性方程	相关系数	线性范围 （μg·kg^{-1}）	LOD （μg·kg^{-1}）	LOQ （μg·kg^{-1}）
苄嘧磺隆	$A = 18.630c - 4.918$	0.999 5	5.00~500.00	1.7	5.6
氯磺隆	$A = 26.381c - 4.549$	0.999 9	2.50~500.00	1.1	3.7
甲磺隆	$A = 28.938c + 3.777$	0.999 2	2.00~500.00	1.0	3.3
吡嘧磺隆	$A = 24.490c + 13.994$	0.999 1	2.00~500.00	1.4	4.6
氯嘧磺隆	$A = 28.481c - 6.789$	0.999 6	2.00~500.00	0.9	3.1

2. 精密度和回收率

为了评价方法的精密度和准确性，制备三个加标水平（10 μg·mL^{-1}，50 μg·mL^{-1}，100 μg·mL^{-1}）的加标样品进行日内精密度和日间精密度的分析，日内精密度是通过 1 d 之内平行测定 3 次加标样品所得到回收率的相对标准偏差。日间精密度是通过每天分析 1 次加标样品，连续分析 3d 所得回收率的相对标准偏差。结果见表 6-2。

表 6-2　样品分析结果

除草剂	加标水平（μg·kg^{-1}）								
	10			50			100		
	回收率 （%）	日内 精密度 RSD （%）	日间 精密度 RSD （%）	回收率 （%）	日内 精密度 RSD （%）	日间 精密度 RSD （%）	回收率 （%）	日内 精密度 RSD （%）	日间 精密度 RSD （%）
苄嘧磺隆	95.6	2.6	4.9	99.5	2.0	4.3	101.4	2.4	3.8
氯磺隆	90.2	2.4	4.4	96.6	2.3	3.9	96.3	2.0	3.3
甲磺隆	95.3	2.3	5.3	102.4	2.6	4.4	106.4	2.4	4.1
吡嘧磺隆	94.8	2.6	4.5	103.7	2.4	4.4	100.9	2.3	3.8
氯嘧磺隆	93.9	2.6	3.8	100.4	2.4	3.9	98.3	1.9	3.4

3. 样品分析

为了考察方法的适用性，对加入三种标准浓度（10 μg·kg^{-1}、50 μg·kg^{-1} 和 100 μg·kg^{-1}）的芸豆样品进行分析。结果列于表 6-2 中。表中结果表示，现有方法能够得到很好的回收率（90.2%~106.4%）和精密度（≤5.3%）。空白样和加标样的色谱图如图 6-6 所示。

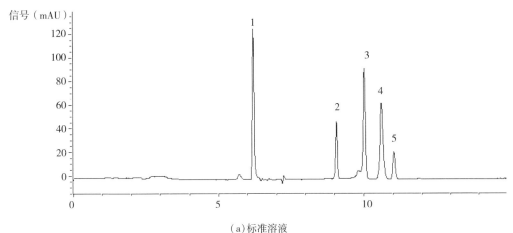

（a）标准溶液

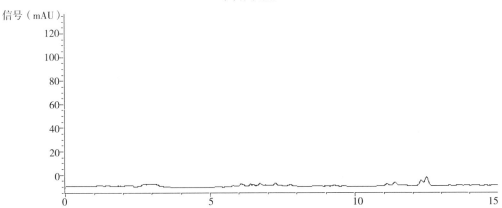

（b）空白样品溶液

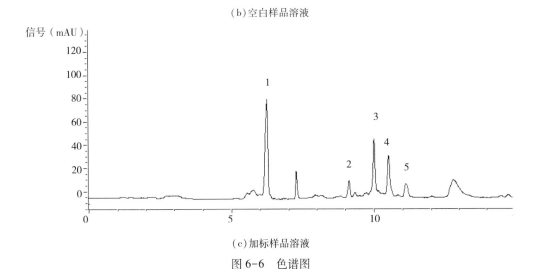

（c）加标样品溶液

图 6-6　色谱图

1—苄嘧磺隆　2—氯磺隆　3—甲磺隆　4—吡嘧磺隆　5—氯嘧磺隆

6.4　小结

试验利用了离子液体的起泡特性,建立了离子液体溶剂浮选高效液相色谱分析芸豆中5种磺酰脲类除草剂的方法,并研究了离子液体类型、离子液体浓度、氮气流速、浮选时间和pH对5种磺酰脲类除草剂回收率的影响。经过实验因素的考察,确定离子液体为1-辛基-3-甲基咪唑四氟硼酸盐([C_8MIM][BF_4])、离子液体用量20 μL、氮气流速50 mL·min^{-1}、浮选时间10 min、样液pH值8为最优前处理条件。由于该测定方法的精密度、线性关系和灵敏度均良好,满足磺酰脲类除草剂残留分析的要求,因此该方法可用于芸豆中磺酰脲类除草剂残留检测分析。

参考文献

[1]Yan CM, Zhang BB, Liu WY, et al. Rapid determination of sixteen sulfonylurea herbicides in surface water by solid phase extraction cleanup and ultra-high-pressure liquid chromatography coupled with tandem mass spectrometry[J]. Journal of chromatography. B, Analytical technologies in the biomedical and life sciences,2011,879(30).

[2]SecciaS, Albrizio S, Fidente P, et al. Development and validation of a solid-phase extraction method coupled to high-performance liquid chromatography with ultraviolet-diode array detection for the determination of sulfonylurea herbicide residues in bovine milk samples[J]. Journal of chromatography. A, 2011, 1218: 1253-1259.

[3]Zhang LY, Yao D, Yu RZ, et al., Extraction and separation of triazine herbicides in soybean by ionic liquid foam-based solvent flotation and high performance liquid chromatography determination[J]. Analytical Methods, 2015, 7(5):1977-1983.

[4]Zhang LY, Cao BC, Yao, D, et al. Separation and concentration of sulfonylurea herbicides in milk by ionic-liquid-based foam flotation solid-phase extraction[J]. Journal of Separation Science, 2015, 38(10).

[5]张丽媛,姚笛,李娜,等. 离子液体均相液液微萃取-高效液相色谱法测定婴儿

奶粉中 5 种三嗪类除草剂[J]. 色谱, 2015, 33(7): 753-758.

[6]Zhang LY, Wang CY, Li ZT, et al. Extraction of acetanilides in rice using ionic liquid-based matrix solid phase dispersion-solvent flotation[J]. Food Chemistry. 2018, 245, 1190-1195.

[7]Zhang LY, Yu R Zh, Yu Y B, et al. Determination of four acetanilide herbicides in brown rice juice by ionic liquid/ionic liquid-homogeneous liquid-liquid micro-extraction high performance liquid chromatography [J]. Microchem Journal, 2019, 146: 115-120

[8]Gao S Q, You J Y, Zheng X., et al., Determination of phenylurea and triazine herbicides in milk by microwave assisted ionic liquid microextraction high-performance liquid chromatography[J]. Talanta, 2010, 82: 1371-1377.

[9]Zhang LY, Wang ZB, Li N, et al. Ionic liquid-based foam flotation followed by solid phase extraction to determine triazine herbicides in corn [J]. Talanta, 2014, 122, 43-50.

第7章 基于金属—有机骨架 MIL-101（Zn）改性 QuEChERS 法分析杂豆中酰胺类除草剂

7.1 引言

酰胺类除草剂是目前国际上大量使用的除草剂之一。目前关于酰胺类除草剂在蔬菜、花生、毛豆等作物上的检测方法以及残留动态有一些研究,但其在杂粮中的残留检测研究报道较少。其中销售量最大的品种有敌䅂、吡草胺、丁草胺、丙草胺等,酰胺类的除草效果好,但是稍有不慎易出现药害。胺类除草剂具有很强的水溶性、移动性及较低的土壤吸附常数,易于淋溶,容易通过渗透转移到浅层地下水或随雨水径流进入地表水,造成水体污染。比如丙草胺对蜜蜂、虾、蟹等节肢动物的毒性较强。丁草胺可引起鲶鱼的红细胞变异,诱导人的染色单体畸形。Hill 等报道氯乙酰苯胺类除草剂(酰胺类除草剂)的二烃苯醌亚胺等代谢物能诱导人工培养的人类淋巴细胞的姊妹染色体产生交换。并且研究已经证实很多除草剂都对人体和生物环境都有危害。但是我国仅规定了少数除草剂的最大残留限量,对于大多数尤其是杂粮中的除草剂最大残留限量并没有规定,所以建立绿色、快速、高效灵敏的快速检测方法是分离杂粮中农药的新方法。

7.2 材料与方法

7.2.1 设备

安捷伦 1260 系列高效液相色谱仪(美国安捷伦科技公司),二极管阵列检测器、自动采样器、四元梯度泵。安捷伦 Eclipse XDB-C18 列(150mm×4.6mm,3.5μm)。飞利浦 HR-2870 研磨机(中国)和 RE-52AA 真空旋转蒸发器(中国上海雅隆)。色谱级水取自美国 Millipore 公司的 Millipore - q 水净化系统,用于制备所有水溶液。贝克曼高速冷冻离心机(Allegra 64R,美国贝克曼公司)。不锈钢反应釜(聚四氟乙烯反应釜内胆)。Rigaku D/max-2550 X 射线粉末衍射仪(Rigaku, Japan),采用 Cu 靶(Kα,λ=1.5418 Å)。Tecnai G2 F20 S-Twin 透射电子显微镜（Philips，Holland）。

7.2.2　化学试剂和材料

吡草胺、敌稗、丙草胺、丁草胺来源于中国北京国家医药生物制品控制研究所。色谱纯乙腈购于美国 Fisher 公司。氢氟酸（HF，40%）购于南京化学试剂厂。对苯二甲酸（H_2BDC）购于天津市光复精细化工研究所。$Zn(NO_3)_2 \cdot 9H_2O$ 购于西陇化工股份有限公司。N，N-二甲基甲酰胺（DMF）、无水乙醇和正己烷均购于天津市天泰精细化学品有限公司。经 Milli-Q 处理系统制得超纯水。其他试剂均是分析纯的,购于北京化工厂。

7.2.3　标准溶液和工作溶液的配置

吡草胺、敌稗、丙草胺、丁草胺是由甲醇溶解成 100 μg·mL^{-1} 标准溶液,每周用甲醇稀释标准原液,制备标准工作溶液。采用与标准工作溶液相同的方法制备不同浓度的混合工作标准溶液。所有的标准和工作标准溶液都储存在 4℃ 避光保存备用。

7.2.4　样品制备

2018 年 8 月,在中国黑龙江省大庆市当地超市和农贸市场采购了黑豆(样本 1)、红豆(样本 2)、芸豆(样本 3)三种杂豆类样品。除了实际样品分析部分使用了全部样品外,其他实验结果均由样品 1 获得。为了得到粉状样品,每个杂豆样品都用模型磨粉机磨成粉末,在提取前经过 80 目筛。

新鲜加标样品通过在杂豆样品粉末中加入标准储备溶液配制并振荡 3 min 而成,为了确保酰胺类除草剂比较均匀地分散在样品粉末中,在杂豆样品粉末中加入一定量的丙酮,小心搅拌均匀,萃取前室温下过夜干燥 24 h。

7.2.5　MIL-101(Zn) 的合成

根据 Férey 小组所报道的合成方法并稍微改动(图 7-1),分别取 $Zn(NO_3)_2 \cdot 6H_2O$ （800 mg）、H_2BDC （322 mg）、HF （0.1 mL）和 H_2O （9.5 mL）置于聚四氟乙烯的反应釜内胆中,均匀搅拌,盖盖密封后放置到 160℃ 的烘箱内,反应 8 h。反应结束后,所得产物用 DMF 和无水乙醇至少反复洗涤三次以除去未反应完全的 H_2BDC。然后以 10 000 r·min^{-1} 的速度离心 5 min,所得最终产物放入烘箱中 150℃ 干燥 24 h。

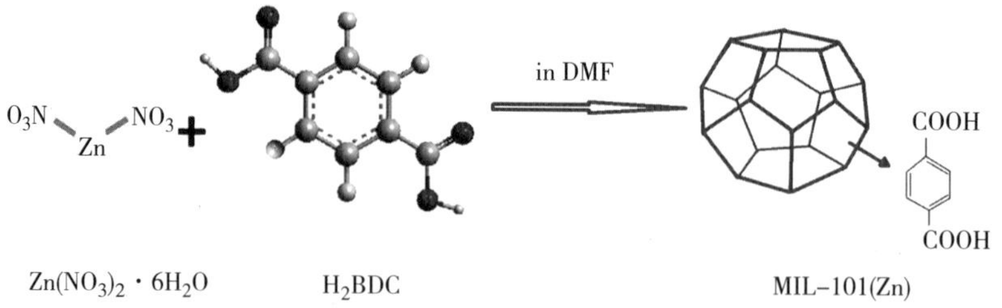

图 7-1　MIL-101(Zn)合成原理图

7.2.6　基于 MIL-101(Zn)改性 QuEChERS 萃取过程

准确称取 0.4 g 杂豆和 0.4 mL 水加入到离心管里,选择使用 0.5 mol·L^{-1}NaOH 调节溶液 pH 值到 7,用力振荡 20 s。随后,向管中加入 0.8 mL 萃取剂(乙酸乙酯:正己烷=1:1)和 0.04 gNaCl,超声萃取 2 min,样品在 0℃以 15000 r·min^{-1}离心 5 min,将上清液转移至另一支含有 56 mgMIL-101(Zn)吸附剂的离心管中,搅拌混合 2 min,以 10 000 r·min^{-1}离心 3 min,除去上清液,在离心管中加入 2 mL 甲醇,对分析物进行超声洗脱,洗脱液转移至鸡心瓶中,35℃旋转蒸干后用 100 μL 甲醇回溶。得到的溶液最后用 0.22 μm 聚四氟乙烯滤膜过滤后,注入高效液相色谱仪进行分析。

7.2.7　HPLC 分析

水和乙腈分别作为流动相 A 和 B,线性梯度洗脱条件:0~5 min, 40%~60% B;5~9 min, 60%~80% B;9~13.5 min, 80%~79.5% B;13.5~14.7 min, 79.5% B;14.7~16.0 min, 79.5%~79.4% B;16.0~21.0min, 79.4%~79.0% B;21~25 min 79%~60% B。柱温保持在 30℃,流动相流速:0.50 mL·min^{-1},进样量:20 μL,DAD 检测波长:228 nm,参考波长和带宽分别为 360 nm 和 4 nm。

7.3　结果与讨论

7.3.1　合成的 MIL-101(Zn)表征

对合成的 MIL-101(Zn)进行 XRD 分析和形貌表征分析,结果如图 7-2(a)和图 7-2(b)所示。合成产物的 XRD 图谱与文献报道的模拟图谱一致,说明成功制备了 MIL-101(Zn)。采用透射电镜对合成的 MIL-101(Zn)进行了形貌表征,结果图 7-2(b)显示 MIL-101(Zn)为立方晶系晶体。

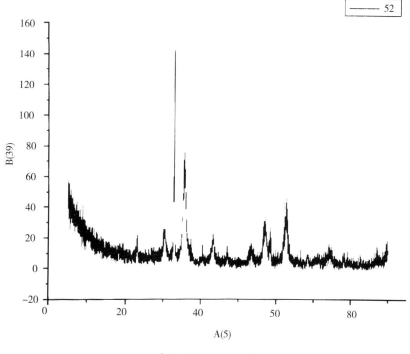

（a）合成产物的 XRD 图谱

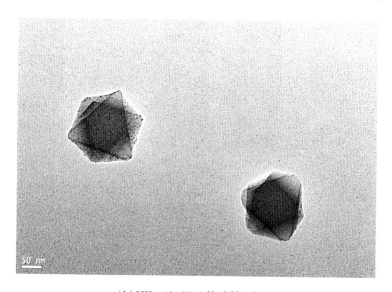

（b）MIL-101（Zn）的透射电镜图

图 7-2　XRD 分析与相貌特征图

121

7.3.2 基于MIL-101(Zn)的改进QuEChERS方法的优化

1. 萃取溶剂种类和体积的影响

萃取效果直接影响目标分析物的分析结果。为了获得最佳的萃取效率,实验调查研究了甲醇(MA)、正己烷(NH)、乙酸乙酯(EA)、三氯甲烷(CF)、乙酸乙酯/正己烷($V_{EA}:V_{NH}=1:1$)五种有机单溶剂和混合溶剂的萃取效果。实验结果如图7-3所示。一方面,由于甲醇和三氯甲烷的极性较强,不能有效地渗透到高蛋白和脂肪样品中,不利于分析物的提取。另一方面,正己烷是非极性的,虽然能有效地渗透到样品中,但对中极性除草剂的溶解度有限,导致分析物回收率较低。进一步考察发现,当以乙酸乙酯/正己烷(1:1)为萃取溶剂时,可提高四种酰胺类除草剂在杂豆类中的回收率,色谱图更干净清晰,色谱的基线噪声更低。因此选择乙酸乙酯/正己烷(1:1)作为进一步实验的萃取溶剂。

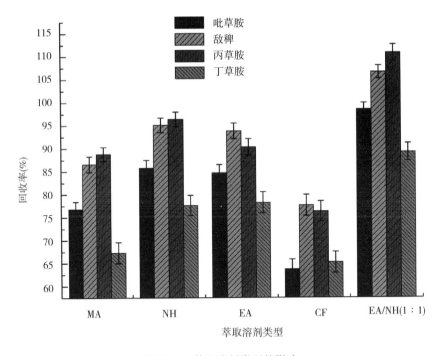

图7-3 萃取溶剂类型的影响

研究了乙酸乙酯/正己烷(1:1)用量在0.4~2.0 mL范围内对四种酰胺类除草剂萃取回收率的影响。随着乙酸乙酯/正己烷(1:1)体积的增大,四种除草剂的回收率在初始增大后基本不变。当乙酸乙酯/正己烷(1:1)的体积为

0.8 mL 时,回收率最高,因此选择 0.8 mL 作为乙酸乙酯/正己烷的体积。

2. 超声萃取时间的影响

超声辐射可以加速物质的传质和扩散。本实验选择超声辅助提取目标物。通过考察 0.5~4 min 内的超声萃取时间对提取回收率的影响进行了评价。如图 7-4 所示,萃取时间从 0.5 min 延长至 2 min 时,分析物回收率显著提高,但随着萃取时间继续延长,分析物回收率基本不变。因此,在接下来的实验中选择 2 min 为超声萃取时间。

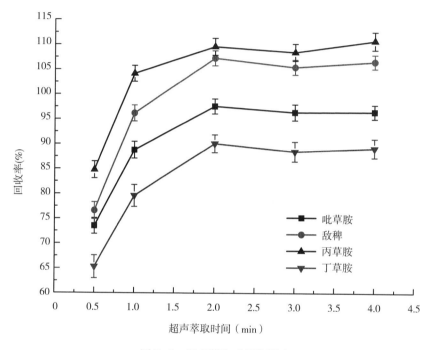

图 7-4　超声萃取时间的影响

3. MIL-101(Zn) 用量的影响

研究了 MIL-101(Zn)用量(40~72 mg)对四种酰胺类除草剂在杂豆类中的萃取回收率的影响。实验结果见图 7-5。从图 7-5 可以看出,随着 MIL-101(Zn)用量从 40 mg 增加到 56 mg,四种酰胺类除草剂的回收率逐渐增加。由于吸附剂的吸附能力有限,当 MIL-101(Zn)的用量小于 56 mg 时,萃取不完全。当 MIL-101(Zn)的用量为 56 mg 时,四种酰类除草剂在杂豆类中的回收率最高。为保证充分的提取,进一步工作中选择的 MIL-101(Zn)为 56 mg。

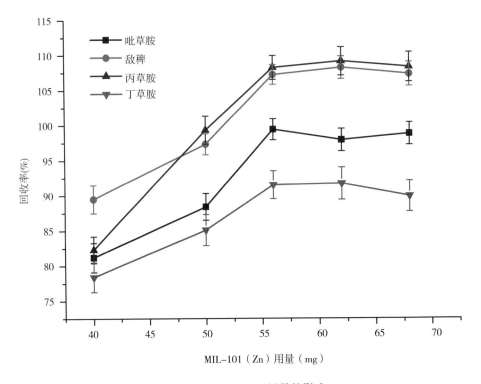

图 7-5　MIL-101(Zn)用量的影响

4. 洗脱液类型和用量的影响

由于目标分析物属于有机化合物,为中极性或强极性分子。甲醇和乙腈对分析物的溶解度好,与色谱流动相的相容性好。因此,以甲醇(MA)和乙腈(ACN)为洗脱剂进行了研究。并且同时研究了 0.5~2.0 mL 洗脱液不同用量对四种酰胺类除草剂回收率的影响。如图 7-6 所示,四种酰胺类除草剂的回收率随洗脱液体积在 0.5 ~ 1.5 mL 之间的增大而增加,当洗脱液大于 1.5 mL时,四种酰胺除草剂的回收率变化不大。四种酰胺类除草剂的甲醇回收率均略高于乙腈。这是由于虽然甲醇和乙腈的极性相似,但甲醇中含有羟基,羟基作为质子受体,可与 MIL-101 的非饱和金属位点螯合,减弱了分析物与非饱和金属位点的相互作用,促进了分析物的洗脱。但乙腈中含有氰,作为质子供体,不能与不饱和金属位点相互作用,只能依赖于分析物对洗脱物的溶解度。而且甲醇更便宜,毒性更小。因此,在后续的工作中选择 1.5 mL 甲醇作为洗脱液。

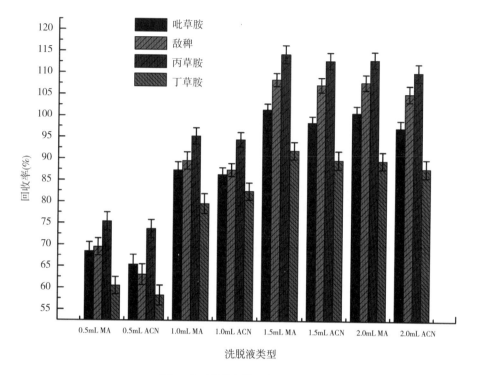

图 7-6　洗脱液类型的影响

7.4　分析性能

7.4.1　工作曲线、*LODs* 和 *LOQs*

根据测定的色谱峰峰面积与杂豆类样品中萃取的目标分析物浓度的关系，建立了校正曲线。在最优预处理条件下研究了各参数之间的线性关系，线性回归方程及相关系数如表 7-1 所示。可以看出，在相关系数为>0.997 4 的情况下，得到了良好的线性关系。经测定，杂豆中四种酰胺类除草剂的检出限（*LODs*）（表 7-1）在 0.58~1.78 μg·kg^{-1} 的范围。这些低 *LODs* 证明了本方法准确、合理测定酰胺类除草剂的总体可行性。定量限（*LOQs*）在 2.02~5.94 μg·kg^{-1} 的范围。结果表明，酰胺类除草剂的定量限均低于最大检出限量（*MRLs*），该方法具有较好的实用性。

表 7-1　分析性能

酰胺类除草剂	线性方程	相关系数	线性范围 （μg · kg^{-1}）	LOD （μg · kg^{-1}）	LOQ （μg · kg^{-1}）
吡草胺	$A=290.65c+129.33$	0.9981	1.25~12500	0.58	2.02
敌稗	$A=247.58c+76.17$	0.9987	1.25~12500	0.90	2.94
丙草胺	$A=107.94c+20.667$	0.9976	2.5~12500	1.78	5.94
丁草胺	$A=109.35c+16.619$	0.9974	2.5~12500	1.18	4.01

7.4.2　精密度和回收率

通过测量日内、日间精密度,对该方法的精密度进行了评价。通过在一个工作日内对一个样本进行 5 次分析,获得了当天的日内精度。对同一样品在 5 个工作日内进行连续每天分析,得到日间精密度。结果如表 7-2 所示。

同时表 7-2 也列出各除草剂的平均回收率($n=5$),三种加标浓度下各除草剂的回收率在 86.9% ~ 119.0%之间,标准差在 1.14% ~ 2.80%之间。结果表明,该方法具有良好的重复性。

表 7-2　样品的分析结果

样品	酰胺类除草剂	加标水平 （μg · kg^{-1}）	回收率 （%）	日内精密度 RSD （%）	日间精密度 RSD （%）
样品 1	吡草胺	10.0	99.9	1.1	2.1
		50.0	103.4	1.3	2.5
		100.0	102.4	1.4	2.2
	敌稗	10.0	108.5	1.9	2.2
		50.0	112.3	1.6	2.5
		100.0	110.0	1.5	2.3
	丙草胺	10.0	119.0	2.3	2.7
		50.0	113.3	1.9	2.3
		100.0	114.8	1.8	2.0
	丁草胺	10.0	90.5	1.6	2.3
		50.0	92.2	1.9	2.4
		100.0	91.6	1.5	1.8

续表

样品	酰胺类除草剂	加标水平 （μg·kg⁻¹）	回收率 （%）	日内精密度 RSD （%）	日间精密度 RSD （%）
样品 2	吡草胺	10. 0	102. 6	1. 7	2. 4
		50. 0	103. 5	1. 9	2. 2
		100. 0	100. 6	1. 6	2. 3
	敌稗	10. 0	106. 1	2. 1	2. 8
		50. 0	103. 9	1. 8	2. 3
		100. 0	105. 1	1. 7	2. 5
	丙草胺	10. 0	116. 5	1. 7	2. 4
		50. 0	114. 3	2. 1	2. 8
		100. 0	117. 2	1. 9	2. 6
	丁草胺	10. 0	113. 2	2. 0	2. 6
		50. 0	108. 4	1. 6	2. 2
		100. 0	107. 3	1. 8	2. 5
样品 3	吡草胺	10. 0	86. 9	2. 0	2. 7
		50. 0	89. 5	2. 1	2. 7
		100. 0	91. 2	1. 8	2. 5
	敌稗	10. 0	106. 0	1. 6	2. 5
		50. 0	107. 2	1. 8	2. 7
		100. 0	105. 5	1. 6	2. 6
	丙草胺	10. 0	90. 0	1. 9	2. 6
		50. 0	93. 4	1. 6	2. 4
		100. 0	94. 4	1. 8	2. 7
	丁草胺	10. 0	103. 2	1. 7	2. 6
		50. 0	104. 2	1. 8	2. 6
		100. 0	101. 9	1. 6	2. 2

7.4.3 样品分析

最后,通过对 3 个杂豆类样本进行实际分析,评价了该方法的适用性。标准溶液、空白样品 1、加标样品 1 的典型色谱图如图 7-7 所示。分析结果如表 7-2 所示。在 3 个杂豆类样品中在检出限内未检测到包括吡草胺、敌稗、丙草胺和丁草胺在内的 4 种酰胺类除草剂。

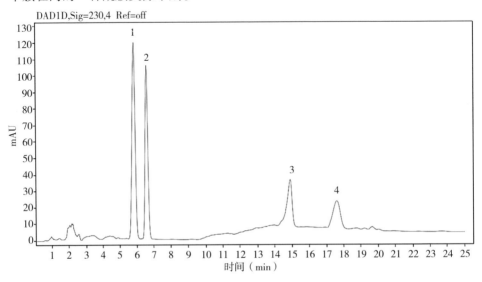

（a）标准溶液

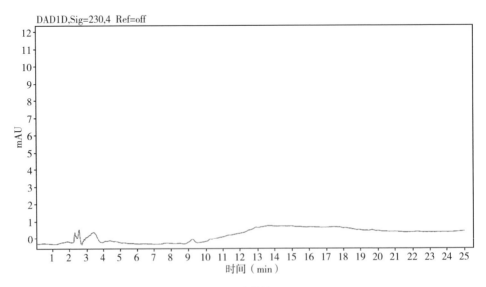

（b）空白样品 1

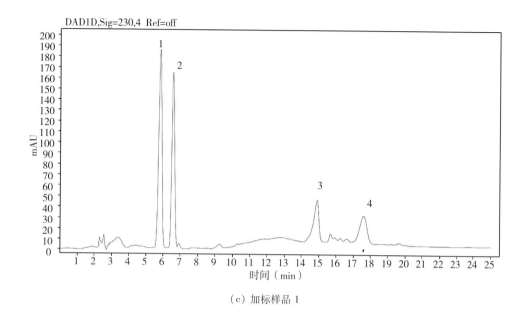

（c）加标样品 1

图 7-7　HPLC 色谱图

7.4.4　不同方法比较

　　将本方法与已报道的 SPE、QuEChERs 和中国国家标准方法（GB 23200.1—2016）（表 7-3）进行了比较，考察了本方法的优势性能。与其他参考方法相比，该方法在选择性、灵敏度、吸附剂和萃取溶剂用量、试样制备时间和操作步骤等方面具有明显优势。一方面，MIL-101(Zn) 具有较大的孔径和孔窗，使得小分子的酰胺类除草剂被吸收进入孔内，形成孔扩散。酰胺除草剂被 MIL−101(Zn) 吸附，主要是由于酰胺中的杂原子和不饱和金属位点相互作用、酰胺中苯环和 MIL-101 的配体之间的 π-π 交互作用、酰胺除草剂中的离域 π 电子和金属不饱和位点的 Zn-π 相互作用。另一方面，四种除草剂都是极性化合物。有文献报道金属有机骨架中的不饱和金属位点可以增强极性化合物的吸附能力。Huang 等报道了 MIL−101 对含杂原子的挥发性有机化合物具有较强的吸附性能，尤其是对胺类化合物。Fu 等人报道，在非极性溶剂体系中，MIL−101 中不饱和金属位点与富含电子基团的极性组分的相互作用较强。因此，酰胺类除草剂中不饱和金属位点（电子受体）与杂原子（电子供体）的配位相互作用可能是吸附的主要驱动力。

表 7-3　方法比较

样品	方法 *	进样量	有机溶剂 (mL)	线性动态范围	分析时间 (min)	添加水平	回收率 (%)	LOD (μg·kg^{-1})
豆类	基于 MIL-101(Zn) 的改进 QuEChERs	0.4 g	0.8	1.25~12500 (μg·kg^{-1})	2	10~100 (μg·kg^{-1})	86.9~119.0	0.58~1.18
谷物及油籽	LLSPE	10.0 g	180	50~1000 (μg·L^{-1})	至少 120	20~2000 (μg·kg^{-1})	72.8~101.9	20~50
水	SPE	3.0 mL	0	0.1~50 (μg·L^{-1})	20	50 (μg·L^{-1})	75~110	0.019~0.034
马铃薯	QuEChERs	10.0 g	21	5~5000 (μg·kg^{-1})	60	50~1000 (μg·kg^{-1})	71.2~93.9	2.0~20.0

＊:QuEChERs:快速、简单、便宜、有效、坚固、安全;LLSPE:液液固相萃取。

7.5　小结

　　开发了基于金属有机骨架 MIL-101(Zn)的改性前处理方法,并将其应用于杂豆类样品中四种酰胺类除草剂的提取、分离和富集。为了提高该方法的较低净化效率和获得有效的净化、分离、提取效率,乙酸乙酯和正己烷的混合溶剂被用来取代乙腈作为除草剂萃取剂,有机金属骨架 MIL-101(Zn)被用来代替 PSA 作为除草剂吸附剂,少量氯化钠被用来代替盐的混合物以避免盐凝结在杂豆样品中。从萃取溶剂的种类和体积、超声萃取时间、MIL-101(Zn)的用量、洗脱液的种类和体积等方面对杂豆类样品中酰胺类除草剂的预处理方法进行了评价和指导。在最优条件下,得到了良好的线性关系,各分析物的相关系数在 0.997 4~0.998 1 之间。所有分析物的定量限远低于 10 μg/kg。通过实际样本的分析,发现目前的方法可以得到良好的回收率和可接受的精密度(≤2.80%)。该方法提高了萃取净化效率,提高了富集倍数,同时降低了实验成本,减少了有机溶剂的消耗,简化了操作步骤,缩短了预处理时间。结果表明,该方法适用于杂豆类样品中酰胺类除草剂的提取分离,对萃取剂和吸附剂的改进是显著有效的。

参考文献

［1］J. Y. Hu, Z. H. Zhen, Z. B. Deng, Simultaneous determination of acetochlor and propisochlor residues in corn and soil by solid phase extraction and gas chromatography with electron capture detection, Bull. Environ. Contam. Toxicol. 86(2011)95-100.

［2］L. Y. Zhang, Ch. Y. Wang, Z. T. Li, Ch. J. Zhao, H. Q. Zhang, D. J. Zhang, Extraction of acetanilides in rice using ionic liquid-based matrix solid phase dispersion-solvent flotation, Food Chem. 245(2018)1190-1195.

［3］J. F. Qi, H. M. Liu, J. Guo, P. Wu. Analytical method for metazachlor residues in rape leaves, rapeseeds and soil. Modern Agrochemi. 12（2013）34-37.

［4］L. Na, L. Y. Zhang, L. Nian, B. Ch. Cao, Zh. B. Wang, L. Lei, X. Yang, J. Q. Sui, H. Q. Zhang, A. M. Yu. Dispersive micro-solid-phase extraction of herbicides in vegetable oil with metal 6 organic framework MIL-101. J. Agric. Food Chem. 63(2015), 2154 62161.

［5］L. Zhang, F. Han, Y. Y. Hu, P. Zheng, X. Sheng, H. Sun, W. Song, Y. N. Lv. Selective trace analysis of chloroacetamide herbicides in food samples using dummy molecularly imprinted solid phase extraction based on chemometrics and quantum chemistry, Anal. Chim. Acta. 729（2012）36-44.

［6］L. Y. Zhang, R. Zh. Yu, Y. B. Yu, Ch. Y. Wang, D. J. Zhang. Determination of four acetanilide herbicides in brown rice juice by ionic liquid/ionic liquid-homogeneous liquid-liquid micro-extraction high performance liquid chromatography. Microchem. J. 146(2019) 115-120.

［7］Zh. Y. Gu, J. Q. Jiang, X. P. Yan. Fabrication of isoreticular metal-organic framework coated capillary columns for high-resolution gas chromatographic separation of persistent organic pollutants. Anal. Chem. 83（2011）5093-5100.

［8］Ch. X. Yang, X. P. Yan. Metal-organic framework MIL-101(Cr) for high-performance liquid chromatographic separation of substituted aromatics. Anal. Chem. 83（2011）7144-7150.

［9］C. X. Yang, X. P. Yan. Metal-organic framework MIL-101（Cr）for high-performance liquid chromatographic separation of substituted aromatics. Anal. Chem. 83（2011）7144 67150.

[10]Z. Y. Gu, C. X. Yang, N. Chang, X. P. Yan. Metal-organic frameworks for analytical chemistry：from sample collection to chromatographic separation. Acc. Chem. Res. 45（2012）734 6745.

[11]Z. Hasan, J. Jeon, S. H. Jhung. Adsorptive removal of naproxen and clofibric acid from water using metal-organic frameworks. J. Hazard. Mater. 209-210（2012）151 6157.

[12]Z. Y. Gu, X. P. Yan. Organic framework MIL-101 for high-resolution gas-chromatographic separation of xylene isomers and ethylbenzene. Angew. Chem. Int. Edit. 49（2010）1477-1480.

[13]China Food and Drug Administration. National food safety standards Determination of acetanilide herbicide residues in cereals and oil seeds Gas chromatography-mass spectrometry：GB 23200. 1-2016［S/OL］. Beijing：Standards Press of China, 2017：1-12（2017-02-09）［2017-04-02］. http://www. doc88. com/p-8436315147394. html.

[14]Y. Y. Fu, C. X. Yang, X. P. Yan. Control of the coordination status of the open metal sites in metal-organic frameworks for high performance separation of polar compounds. Langmuir. 28（2012）6794-6802.

[15]C. Y. Huang, M. Song, Z. Y. Gu, H. F. Wang, X. P. Yan. Probing the adsorption characteristic of metal-organic framework MIL-101 for volatile organic compounds by quartz crystal microbalance. Environ. Sci. & Technol. 45（2011）4490-4496.

第8章 离子液体基质固相分散—泡沫浮选固相萃取法同时分离和富集裸燕麦中的酰胺

8.1 引言

燕麦也是世界上最有营养的谷物之一。其营养价值非常高,其脂肪含量是大米脂肪含量的4倍,所含的身体必需的8种氨基酸和维生素E含量也高于大米和小麦。营养学家发现,燕麦是一种理想的食品,特别是对预防动脉粥样硬化、高血压和冠心病具有医疗保健功能,是药食同源食品,可以降低血脂、控制血糖、减肥和美容、润肠、通便、预防结肠癌等。燕麦含有丰富的亚油酸,占总不饱和脂肪酸的35%~52%,在增加老年人的体力和延长寿命方面是非常有益的。裸燕麦(Avena nuda L.)是禾本科燕麦(Avena L.)的一年生草本植物,是重要的农作物之一。燕麦田间已发现的杂草至少有35种,隶属于18科,主要是有害杂草,包括苦荞、藜麦、猪草、苦菜等。这些杂草严重影响燕麦作物的生长和生产,甚至可能导致作物停滞和死亡。

酰胺类除草剂是20世纪60年代开发的一种高效、高选择性的标记除草剂,被广泛应用于玉米、大豆、小麦、燕麦等作物田间杂草防治。尤其是吡草胺和甲草胺已经被广泛使用了20多年。它们对各种禾本科双子叶植物具有较强的抗病毒作用,主要用于燕麦田一年生禾本科杂草的防治。酰胺类除草剂包括吡草胺、甲草胺、乙草胺、丙草胺、丁草胺、敌稗等,是世界上一类重要的除草剂,具有生物活性高、在植物和土壤中易于降解等优点。然而,在大鼠身上的实验表明,酰胺类除草剂可进一步转化为致癌化合物二烷基奎宁亚胺,可引起鼻甲肿瘤、姐妹染色单体交换、癌症等不良反应。因此,酰胺类除草剂的残留状况受到广泛关注。美国对丁草胺、乙草胺、异丙草胺等除草剂的使用有非常严格的规定。美国环境保护局(EPA)规定,乙草胺在地下水中的最大残留限量(MRL)为$0.1~mg \cdot L^{-1}$。谷物中甲草胺、丙草胺和丁草胺的最大残留限量分别为$0.2~mg \cdot kg^{-1}$、$0.1~mg \cdot kg^{-1}$和$0.1~mg \cdot kg^{-1}$。

在国内外文献报道中,关于酰胺类除草剂的残留检测更多的单残留分析,主要是氮磷检测器气相色谱耦合(GC-NPD)、气相色谱加火焰光度检测器(GC-FPD)

与气相色谱（GC-MS），但是气相色谱的分离效果不是很稳定。中国食品药品监督管理局 GB 23200.1—2016《国家食品安全标准》规定采用气相色谱—质谱联用技术（GC-MS）测定了粮油中部分酰胺类除草剂的残留方法。但是，这种方法的预处理步骤太多，耗时太长，消耗有机溶剂较多。因此建立一种快速、高效、绿色环保的分析方法尤为重要。

高效液相色谱法（high - performance liquid，HPLC）通常用于大米中酰胺类除草剂的残留分析。同时，样品前处理方法通常采用溶剂萃取、固相萃取、液相萃取、QuEChERs 等。基质固相分散（Matrix solid-phase dispersant，MSPD）是一种简单、廉价的样品制备方法，涉及多种固体和半固体材料的同时分离和提取。基于离子液体（IL-based）基质固相分散—泡沫浮选—固相萃取（MSPD-FF-SPE）与高效液相色谱法（HPLC）同时测定燕麦中多种酰胺类除草剂残留量的报道还较少。

常见的萃取溶剂，如甲醇、正己烷和乙腈，主要由电中性分子组成，它们有自己的极性，尤其重要的是它们是有毒的。而离子液体主要由离子和离子对组成，与传统有机溶剂和电解质相比，离子液体的主要特点是蒸汽压低、热稳定性好、不挥发、低熔点、沸点范围宽、强静电场、良好的导电性和导热性、良好的透光性和高折射率、高热熔性、独特的可溶解性。它是化学工业中传统挥发性溶剂的优良替代品，可以避免使用传统有机溶剂造成的实验环境、人体健康、人员安全、设备腐蚀等问题。这些特性使离子液体具有液态和固态的特性。因此，离子液体被称为"液体"分子筛。而且，离子液体对环境无污染，安全无毒，绿色环保。逐渐适应了当前倡导的环境保护和可持续发展的要求，越来越受到人们的认可和接受。

本文采用离子液体（IL）作为提取溶剂，从裸燕麦样品中提取 7 种酰胺类除草剂。采用基质固相分散—泡沫浮选—固相萃取法（MSPD-FF-SPE）结合高效液相色谱法对 7 种除草剂进行分离测定。考察了 IL-based-MSPD-FF-SPE 方法在分析物回收率上的实验条件。讨论了该方法的分析性能。最后，验证了该方法的有效性，并将其应用于裸燕麦真实样品中酰胺类除草剂的分析。

8.2 材料与方法

8.2.1 设备

安捷伦 1260 系列高效液相色谱仪(美国安捷伦科技公司),二极管阵列检测器、自动采样器、四元梯度泵。安捷伦 Eclipse XDB-C18 列(150 mm×4.6 mm,3.5 μm)。飞利浦 HR-2 870 研磨机(中国)和 RE-52AA 真空旋转蒸发器(中国上海雅隆)。色谱级水取自美国 Millipore 公司的 Millipore - q 水净化系统,用于制备所有水溶液。SPE 固相萃取柱包括 Bond Elut NH2 (1 mL, 100 mg)、Bond Elut 氧化铝-B (1 mL, 100 mg)、Bond Elut PRS (1 mL, 100 mg)、Bond Elut C18 (1 mL, 100 mg)和 Bond Elut SCX (1 mL, 100 mg),均购自美国 Varian 公司。

8.2.2 化学试剂和材料

甲草胺、吡草胺、敌稗、乙草胺、丙草胺、异丙甲草胺、丁草胺来源于中国北京国家医药生物制品控制研究所。酰胺类除草剂的结构如图 8-1 所示。

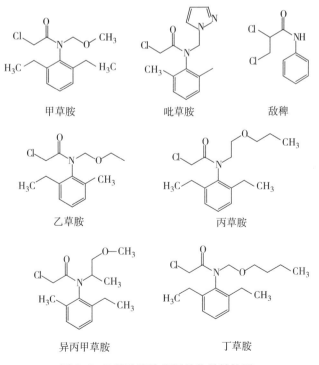

图 8-1 7 种酰胺除草剂的化学结构图

1-丁基-3 甲基咪唑四氟硼酸盐（［C_4MIM］［BF_4］，>99.0% purity），1-己基-3 甲基咪唑四氟硼酸盐（［C_6MIM］［BF_4］，>99.0% purity），1-辛基-3 甲基咪唑四氟硼酸盐（［C_8MIM］［BF_4］，>98.0% purity），1-丁基-3 甲基咪唑六氟磷酸盐（［C_4MIM］［PF_6］，>99.0% purity），1-己基-3 甲基咪唑六氟磷酸盐（［C_6MIM］［PF_6］，99.0%），1-辛基-3 甲基咪唑六氟磷酸盐（［C_8MIM］［PF_6］，>97.0% purity），均购买于上海成捷试剂公司。色谱级的乙腈和甲醇均购买于美国 Fisher 公司，其他分析级试剂均购自北京化工厂（中国北京）。

8.2.3　标准溶液和工作溶液的配置

甲草胺、吡草胺、敌稗、乙草胺、丙草胺、异丙甲草胺、丁草胺是由甲醇溶解成 100 μg·mL^{-1} 标准溶液，每周用甲醇稀释标准原液，制备标准工作溶液。采用与标准工作溶液相同的方法制备不同浓度的混合工作标准溶液。所有的标准和工作标准溶液都储存在 4℃ 避光保存备用。

8.2.4　样品制备

2017 年 5 月，在黑龙江省哈尔滨市和大庆市的当地超市和农贸市场购买了 4 个裸燕麦样品。除了 3.3.3 节实际样品分析部分使用了全部样品外，其他实验结果均由样品 1 获得。为了得到粉状样品，每个裸燕麦样品用磨粉机磨成粉，在提取前经过 80 目筛。

新鲜加标样品通过在裸燕麦粉末中加入标准储备溶液配制并振荡 3 min 而成，为了确保酰胺类除草剂比较均匀地分散在样品粉末中，在裸燕麦粉末中加入一定量的丙酮，小心搅拌均匀，萃取前室温下过夜干燥 24 h。

按上述方法制备加标样品，将加标样品保存在密封瓶中 4℃ 分别储藏 7 d、14 d、21 d、28 d、35 d。所有样品放置于冰箱中在 4℃ 避光保存。

8.2.5　IL-based MSPD-FF-SPE

萃取前用 0.6 mL 乙腈和 0.8 mL 甲酸溶液活化固相萃取柱（SPE）。基于离子液体的基质固相分散—泡沫浮选—固相萃取系统在实验室中组装完成。图 8-2 给出了一个简化的示意图。

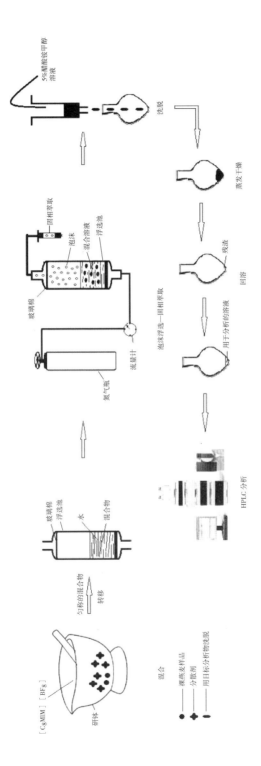

图 8-2　MSPD-FF-SPE 系统原理图

准确称取裸燕麦粉末样品 1.000 g,硅藻土 3.000 g,100 μL [C_8MIM]BF_4 混合置于在玛瑙研钵内,使用研杵研磨 3 min 获得一个匀称的混合物。先将混合物转移到浮选容器中,加入 10 mL 水,振动混均,采用 1 mol·L^{-1} NaOH 溶液调节样品溶液 pH 值为 7.5。打开载气开关,载气通过浮选池,流速为 120 mL·min^{-1},浮选时间 8 min,载体气体通过试样。产生的泡沫通过玻璃棉,其中固体颗粒没有通过,并引入 SPE 萃取柱中,吸附到柱内吸附剂上。然后,用甲酸溶液和乙腈以 1 mL·min^{-1} 的流速淋洗 SPE 萃取柱 1.0 min,再以 0.5 mL·min^{-1} 的流速用 1.0 mL 5%乙酸铵甲醇溶液洗脱 SPE 萃取柱。洗脱液在 35℃真空旋转蒸发器中被蒸发干燥。用 100 μL 甲醇回溶鸡心瓶内的残渣。最后,回溶的溶液用 0.22 μm 聚四氟乙烯滤膜过滤。所有样品在预处理后尽快进行 HPLC 分析。

8.2.6 HPLC 分析

水和乙腈分别作为流动相 A 和流动相 B。线性梯度条件为:0~5 min,60%~60% B;5~9 min,60%~80% B;9~13.5 min,80%~79.5% B;13.5~14.7 min,79.5% B;14.7~16.0 min,79.5%~79.4% B;16.0~21.0 min,79.4%~79.0% B;21~25 min,79%~60% B。柱温:30℃;流动相的流速:0.50 mL·min^{-1}。进样量:20 μL。在 230 nm 波长下进行 DAD 检测。参考波长和带宽分别为 360 nm 和 4 nm。

8.3 结果与讨论

8.3.1 IL-based MSPD-FF-SPE 方法条件的优化

在优化实验条件的过程中,所有实验一式三份进行。

1. 分散剂的类型以及分散剂和样品质量比的影响

在基质固相分散过程中,分散剂的主要作用是对极性分子的机械摩擦和吸附。因此,分散剂类型的选择可以提高萃取效率,促进目标物的分离。本研究考察了分散剂类型,包括佛罗里硅土、硅藻土、活性炭、中性氧化铝和硅胶对酰胺除草剂萃取回收率的影响。如图 8-3 所示。图中 7 种除草剂在硅藻土中回收率最高。可能是因为硅藻土是一种硅质岩石,其化学成分主要为 SiO_2,孔隙率大,吸收性强,化学性质稳定。另外,硅藻土中的 Si-O-Si 和 Si-OH 基团与样品中的极性基团形成氢键,而且硅藻土与离子液体几乎没有相互作用。这些都有助于提高萃取效率。因此,在进一步的研究中,选择硅藻土作为分散剂。

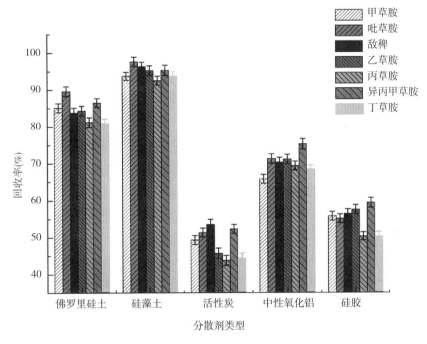

图8-3　分散剂类型的影响

研究了硅藻土和样品的质量比(1∶2、1∶1、2∶1、3∶1和4∶1)对目标分析物萃取回收率的影响。结果表明当质量比为1∶1、2∶1、3∶1时的除草剂回收率明显高于其他两种质量比时的除草剂回收率。在初步实验结果的基础上,通过正交实验设计(OED)进一步优化硅藻土与样品的质量比。

2. 离子液体的类型和用量对除草剂萃取回收率的影响

在本实验中,当采用离子液体作为萃取剂和发泡剂时,离子液体的选择对萃取效果有重要影响。实验研究了$[C_4MIM][BF_4]$(A)、$[C_6MIM][BF_4]$(B)、$[C_8MIM][BF_4]$(C)、$[C_6MIM][PF_6]$(D)、$[C_8MIM][PF_6]$(E)5种离子液体的萃取效果。尽管亲水性和疏水性离子液体均能在水溶液中产生泡沫,但亲水性离子液体的萃取效率优于疏水性离子液体,通过实验可以知道长链烷基对泡沫浮选效果较好,如图8-4所示,$[C_8MIM][BF_4]$得到的目标分析物回收率明显高于$[C_4MIM][BF_4]$和$[C_6MIM][BF_4]$得到的分析物回收率。因此,在后续的工作中选择$[C_8MIM][BF_4]$作为提取溶剂和发泡剂。

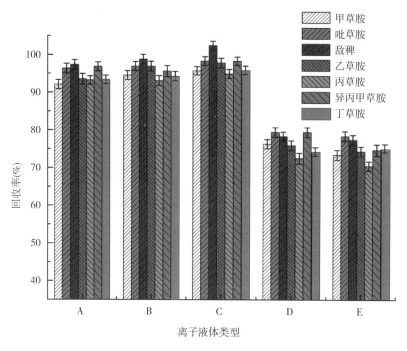

图 8-4　离子液体类型的影响

此外，[C_8MIM][BF_4]体积(80 μL、90 μL、100 μL、110 μL、120 μL)对目标分析物萃取回收率的影响也是由单变量方法研究。基于单变量方法的结果，[C_8MIM]BF_4体积 90 μL、100 μL、110 μL 被正交试验进一步优化。

3. 泡沫浮选时间的影响

泡沫浮选时间较短时，除草剂的提取不完全，回收率较低。随着泡沫浮选时间的延长，对样品溶液进行强浮选，将目标物转移到 SPE 萃取柱中。实验研究了泡沫浮选时间 5 min、6 min、7 min、8 min、9 min 对浮选萃取效果的影响。根据单变量法的实验结果(图 8-5)，通过 OED 实验进一步优化泡沫浮选时间(7 min、8 min、9 min)。

4. 载气流速的影响

实验研究了载气流量对 7 种除草剂回收率的影响。单变量法的实验结果表明，当载气流量小于 90 mL·min^{-1} 时，载气承载能力较弱，无法有效、完整地将目标分析物从溶液中带到溶液表面。随着载气流量(100 mL·min^{-1}、110 mL·min^{-1}、120 mL·min^{-1}、130 mL·min^{-1})的增加，回收率增加，泡沫浮选时间缩短。然而，当载气的流速大于 130 mL·min^{-1} 时，7 种除草剂的回收率减少。原因可能是当

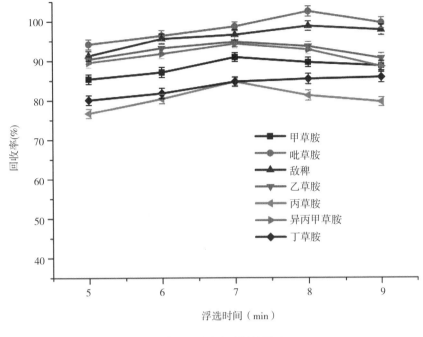

图 8-5 浮选时间的影响

载气的流量太大,溶液产生涡旋将使溶液表面的泡沫回到溶液中,杂质的浓度也增加,导致除草剂回收率下降。最后,通过 OED 实验进一步优化了载体气体的流量。

5. 固相萃取柱的影响

在这个工作中,为了提高分离效果和净化效率,调查了 Bond Elut NH$_2$(1 mL,100 mg)、Bond Elut 氧化铝-B(1 mL,100 mg)、Bond Elut PRS(1 mL,100 mg)、Bond Elut C18(1 mL,100 mg)和 Bond Elut SCX(1 mL,100 mg)固相萃取柱对 7 种除草剂萃取回收率的影响,如图 8-6 所示。当采用 BondElut PRS 时,7 种酰胺类除草剂的回收率高于其他固相萃取柱,其原因可能是由于强阳离子交换吸附剂同时具有极性和氢键的相互作用。它的 pKa 极低,擅长对胺类等弱阳离子化合物的分离和分析。因此在实验中采用 Bond Elut PRS(1 mL,100 mg)作为固相萃取柱。

6. 洗脱液类型和体积的影响

根据洗脱液的效果评价了洗脱液类型的影响。目标化合物属于有机化合物的中极性或强极性。本实验以丙酮、5%乙酸铵丙酮溶液、甲醇、5%乙酸铵甲醇溶液、乙腈、5%乙酸铵乙腈溶液为洗脱剂进行考察。结果表明,5%醋酸铵甲醇溶液

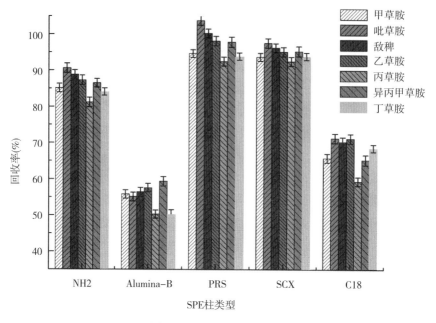

图 8-6　SPE 柱类型的影响

洗脱后,7 种目标物的回收率较高,除杂效果也较好。因此,在下一步的工作中,我们采用 5%乙酸铵甲醇溶液作为洗脱剂。

以 5%乙酸铵甲醇溶液为洗脱液,测定其体积(0.4 mL、0.6 mL、0.8 mL、1.0 mL、1.2 mL)对回收率的影响。当体积太小时,目标分析物不能完全洗脱。当体积为 1.0 mL 时,可以完全洗脱目标物,因此本实验采用 1.0 mL 的 5%乙酸铵甲醇溶液。

8.3.2　正交试验(OED)

采用正交试验[$L_9(3^4)$]进一步优化实验条件,根据单变量法的实验结果确定因素水平。分散剂与样品的质量比(A)(A1, 1∶1;　A2, 2∶1;A3, 3∶1),[C_8MIM][BF_4]体积(B)(B1, 90 μL; B2, 100 μL; B3, 110 μL),泡沫浮选时间(C)(C1, 7 min; C2, 8 min; C3, 9 min);载气流量(D)(D1, 100 mL·min^{-1}; D2, 110 mL·min^{-1}; D3, 120 mL·min^{-1})对 7 种除草剂平均回收率结果见表 8-1。表中 Kn 为各因素在不同水平上的平均影响,R 为范围。正交试验结果表明,分散剂与样品的质量比在萃取过程中起重要作用,其次是[C_8MIM][BF_4]的体积、载气流量和泡沫浮选时间。基于 ODE 实验结果,分散剂与样品的质量比、载气流量、[C_8MIM]BF_4 的体积、泡沫浮选时间分别选为 3∶1、120 mL·min^{-1}、100 μL、8 min。

表 8-1　正交试验表

NO.	(A)	(B)	(C)	(D)	除草剂的平均回收率(%)
1	A_1	B_1	C_1	D_1	76.5
2	A_1	B_2	C_2	D_2	81.4
3	A_1	B_3	C_3	D_3	78.8
4	A_2	B_1	C_2	D_3	75.9
5	A_2	B_2	C_3	D_1	73.0
6	A_2	B_3	C_1	D_2	65.4
7	A_3	B_1	C_3	D_2	74.6
8	A_3	B_2	C_1	D_3	96.4
9	A_3	B_3	C_2	D_1	90.4
K_1	236.7	227	238.3	239.9	
K_2	214.3	250.8	247.7	221.4	
K_3	261.4	242..2	226.4	251.1	
R	47.1	23.8	21.3	29.7	

8.3.3　分析性能

1. *LODs* 和 *LOQs*

检出限(*LODs*)定义为 3 倍信噪比时的测定的浓度结果列于表 8-2,本实验中测定 7 种酰胺除草剂的检出限在 0.79~2.18 μg·kg^{-1} 的范围。这些较低 *LODs* 证明了本方法准确、合理测定酰胺类除草剂是总体可行的。定量限(*LOQs*)为 10 倍信噪比时测定的浓度,本实验中测定 7 种酰胺除草剂的检出限 2.62~7.28 μg·kg^{-1} 的范围。结果表明,酰胺类除草剂的检出限低于最大残留限量,该方法具有较好的实用性。

表 8-2　分析性能

酰胺类除草剂	线性方程	相关系数	线性范围 (μg·kg^{-1})	*LOD* (μg·kg^{-1})	*LOQ* (μg·kg^{-1})
甲草胺	$A=354.7c+2.435$	0.999 3	5.0~5 000.0	1.51	5.03
吡草胺	$A=682.1c+7.261$	0.999 8	2.5~5 000.0	0.79	2.62

续表

酰胺类除草剂	线性方程	相关系数	线性范围 （µg·kg⁻¹）	LOD （µg·kg⁻¹）	LOQ （µg·kg⁻¹）
敌稗	$A = 579.5c + 1.076$	0.999 7	2.5~5 000.0	0.81	2.73
乙草胺	$A = 456.8c - 1.680$	0.999 6	5.0~5 000.0	1.38	4.58
丙草胺	$A = 312.8c + 4.311$	0.998 9	5.0~5 000.0	2.18	7.28
异丙甲草胺	$A = 504.7c - 3.658$	0.999 7	5.0~5 000.0	1.52	5.05
丁草胺	$A = 392.7c + 4.273$	0.999 0	5.0~5 000.0	1.73	5.78

2. 精密度和回收率

绘制了 7 种酰胺类除草剂测定的峰面积（A）与浓度（C）的关系曲线。在最优预处理条件下研究了各参数之间的线性关系，线性回归方程及相关系数如表 8-2 所示。可以看出，在相关系数为 >0.998 9 的情况下，得到了良好的线性关系。表 8-3 为各除草剂的平均回收率（$n = 5$），三种浓度下各除草剂的回收率在 92.1% ~ 104.7% 之间。结果令人满意。

表 8-3　燕麦样品的分析结果

样品	酰胺类除草剂	加标浓度 （µg·kg⁻¹）	回收率 （%）	日内精密度 RSD（%）	日间精密度 RSD（%）
样品 1	甲草胺	10.0	94.4	2.1	2.8
		50.0	95.6	1.7	2.6
		500.0	95.8	1.7	2.5
	吡草胺	10.0	96.4	1.9	2.5
		50.0	99.8	1.8	2.5
		500.0	103.6	1.5	2.3
	敌稗	10.0	95.9	1.7	2.5
		50.0	97.2	1.5	2.0
		500.0	98.3	1.3	2.1
	乙草胺	10.0	94.6	2.0	2.8
		50.0	96.4	1.7	2.4
		500.0	96.9	1.4	2.2
	丙草胺	10.0	92.1	2.2	2.8
		50.0	93.7	1.6	2.0
		500.0	94.3	1.6	2.1

续表

样品	酰胺类除草剂	加标浓度 （μg·kg⁻¹）	回收率 （%）	日内精密度 RSD（%）	日间精密度 RSD（%）
	异丙甲草胺	10.0	93.9	1.9	2.5
		50.0	95.8	1.6	2.1
		500.0	96.3	1.3	2.0
	丁草胺	10.0	93.1	1.8	2.4
		50.0	94.8	1.7	2.2
		500.0	95.9	1.4	2.0
	甲草胺	10.0	95.2	2.1	2.2
		50.0	96.2	1.6	2.3
		500.0	95.5	1.5	2.4
	吡草胺	10.0	98.8	1.9	2.7
		50.0	104.7	1.6	2.4
		500.0	103.5	1.2	2.3
	敌稗	10.0	94.6	1.8	2.5
		50.0	96.9	1.6	2.4
样品 2		500.0	97.1	1.5	2.2
	乙草胺	10.0	95.3	2.1	2.7
		50.0	95.9	1.7	2.1
		500.0	97.3	1.4	2.0
	丙草胺	10.0	94.3	1.9	2.4
		50.0	94.7	1.5	2.3
		500.0	95.2	1.7	2.5
	异丙甲草胺	10.0	93.5	1.8	2.5
		50.0	94.5	1.4	2.0
		500.0	97.0	1.4	1.9
	丁草胺	10.0	94.3	1.9	2.4
		50.0	95.3	1.5	2.0
		500.0	94.9	1.6	2.1

续表

样品	酰胺类除草剂	加标浓度 （μg·kg⁻¹）	回收率 （%）	日内精密度 RSD（%）	日间精密度 RSD（%）
样品 3	甲草胺	10.0	93.3	2.0	2.8
		50.0	94.2	1.7	2.4
		500.0	94.9	1.4	2.0
	吡草胺	10.0	95.0	1.6	2.3
		50.0	97.3	1.6	2.2
		500.0	102.7	1.5	2.4
	敌稗	10.0	94.6	1.8	2.5
		50.0	96.9	1.5	2.3
		500.0	97.6	1.7	2.6
	乙草胺	10.0	95.3	1.9	2.5
		50.0	97.1	2.0	2.7
		500.0	96.6	1.5	2.1
	丙草胺	10.0	94.5	1.9	2.3
		50.0	94.8	1.5	2.2
		500.0	95.0	1.6	2.1
	异丙甲草胺	10.0	94.2	1.7	2.4
		50.0	96.0	1.5	2.3
		500.0	97.1	1.6	2.1
	丁草胺	10.0	94.7	1.9	2.7
		50.0	95.1	1.4	2.5
		500.0	96.7	1.6	2.4
	甲草胺	10.0	93.8	2.0	2.8
		50.0	96.2	1.7	2.4
		500.0	97.2	1.5	2.1
	吡草胺	10.0	97.3	1.6	2.6
		50.0	99.4	1.5	2.1
		500.0	104.2	1.6	2.3

续表

样品	酰胺类除草剂	加标浓度 （μg·kg⁻¹）	回收率 （%）	日内精密度 RSD（%）	日间精密度 RSD（%）
样品 4	敌稗	10.0	94.6	1.7	2.5
		50.0	96.7	1.6	2.2
		500.0	97.9	1.3	1.9
	乙草胺	10.0	95.1	1.7	2.2
		50.0	95.9	1.5	2.3
		500.0	97.1	1.5	2.1
	丙草胺	10.0	94.1	2.1	2.9
		50.0	94.8	1.7	2.4
		500.0	96.5	1.6	2.2
	异丙甲草胺	10.0	92.9	1.7	2.4
		50.0	94.8	1.6	2.3
		500.0	95.9	1.8	2.5
	丁草胺	10.0	94.3	2.1	2.8
		50.0	95.2	1.7	2.4
		500.0	97.0	1.5	2.0

3. 稳定性

实验研究了目标分析物在裸燕麦（*Avena nuda* L.）样品中的稳定性,样品中加入量按照前所述方法制备和处理,所有实验均进行 5 次重复。表 8-4 所示的结果表明,当储存在 4℃时,酰胺类除草剂在裸燕麦样品稳定的周期为 35 d。

表 8-4　稳定性

酰胺类除草剂	参数	周散（d）				
		7	14	21	28	35
甲草胺	回收率（%）	94.6	94.9	94.3	93.3	92.5
	RSD（%, n = 5）	1.7	1.8	1.7	1.9	2.1
吡草胺	回收率（%）	103.1	102.0	101.6	100.7	99.4
	RSD（%, n = 5）	1.6	1.5	1.5	1.7	1.6

续表

酰胺类除草剂	参数	周散（d）				
		7	14	21	28	35
敌稗	回收率(%)	98.4	98.7	97.8	97.5	96.4
	RSD (%, n = 5)	1.5	1.6	1.6	1.5	1.7
乙草胺	回收率(%)	96.1	95.4	94.8	95.3	94.9
	RSD (%, n = 5)	1.8	1.7	1.9	1.8	1.7
丙草胺	回收率(%)	94.2	93.9	93.5	93.1	92.1
	RSD (%, n = 5)	1.8	1.5	2.1	1.7	1.6
异丙甲草胺	回收率(%)	97.5	98.4	96.5	96.8	95.9
	RSD (%, n = 5)	1..9	1.7	1.7	1.9	1.8
丁草胺	回收率(%)	95.6	95.3	94.9	94.7	93.1
	RSD (%, n = 5)	1.7	1.6	1.8	1.6	1.9

最后对 4 个裸燕麦样品进行了分析，评价了该方法的适用性。标准溶液、空白样品 1、加标样品 1 和阳性样品 2 的典型色谱图如图 8-7 所示。分析结果如表 8-3 所示。四种裸燕麦样品中的甲草胺、敌稗、乙草胺、丙草胺、异丙甲草胺、丁草胺等六种酰胺类除草剂均未检出。然而，在裸燕麦中（样本 2）中检测到吡草胺，结果如图 8-7(d) 所示。裸燕麦中吡草胺的浓度是 67.8 $\mu g \cdot kg^{-1}$。

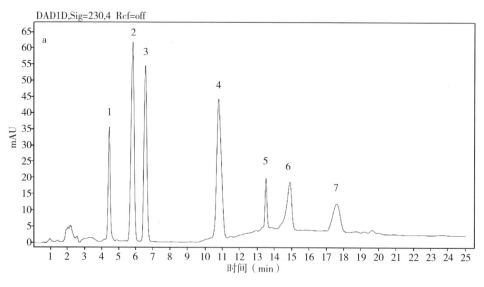

（a）标准溶液

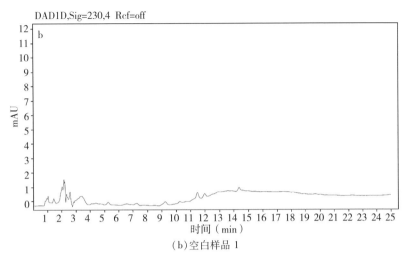

（b）空白样品 1

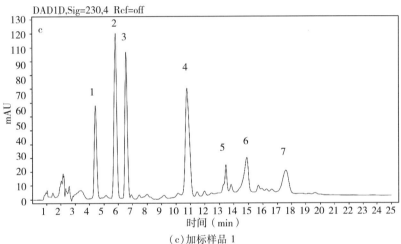

（c）加标样品 1

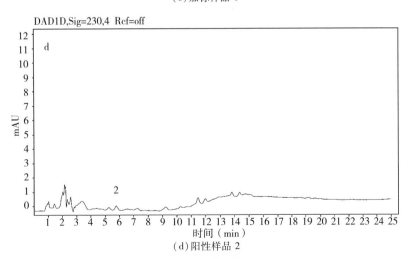

（d）阳性样品 2

图 8-7　色谱图

8.3.4 不同方法的比较

将本方法与 SPE、LPE、QuEChERs 和中国国家标准方法（GB 23200.1—2016）进行比较（表 8-5），考察了本方法的性能，与其他参考方法相比，本方法提高了提取效率，改善了净化效果，增加了富集倍数，降低了实验成本，降低了 *RSDs*，简化了操作流程，可以在几分钟内完成样品前处理。另外，实验前不需要通过酸沉淀去除蛋白质、脂类等杂质，可以通过泡沫浮选工艺直接去除。最重要的是，本方法采用绿色试剂离子液体代替有机溶剂，在整个实验过程中减少了有机溶剂的消耗，是环保可持续的。

表 8-5　方法比较

样品	方法*	进样量	有机溶剂（mL）	线性动态范围	分析时间（min）	添加水平	回收率（%）	LOD（μg·kg⁻¹）
水	SPME-HPLC-PIF-FD	3.0 mL	0	0.1~50（μg·L⁻¹）	20	50（μg·L⁻¹）	75~110	0.019~0.034（μg·kg⁻¹）
谷物及油籽	LLSPE-GC-MS	10.0 g	180	50~1000（μg·L⁻¹）	至少120	20~2000（μg·kg⁻¹）	72.8~101.9	20~50（μg·kg⁻¹）
大豆	LPE-HPLC	2.0 g	59	50~1000（μg·kg⁻¹）	35	50~1000（μg·kg⁻¹）	75~102	10~50（μg·kg⁻¹）
马铃薯	QuEChERs-HPLC	10.0 g	21	5~5000（μg·kg⁻¹）	60	50~1000（μg·kg⁻¹）	71.2~93.9	2.0~20.0（μg·kg⁻¹）
裸燕麦	IL-based MSPD-FF-SPE	1.0 g	0.1	5~5000（μg·kg⁻¹）	15	10~500（μg·kg⁻¹）	92.1~104.7	0.79~2.18（μg·kg⁻¹）

　　*:LPE:液相萃取；QuEChERs:快速、简单、便宜、有效、坚固、安全；SPME-HPLC-PIF-FD:固相微萃取结合高效液相色谱以及结合柱后光化学诱导荧光衍生和荧光检测；LLSPE-GC-MS:液—液固相萃取与气相色谱—质谱联用。

8.4 小结

建立了一种基于 IL 的 MSPD-FF-SPE 前处理方法，并将其应用于裸燕麦（*Avena nuda* L.）样品中 7 种酰胺类除草剂的提取、分离和富集。从保护环境的角度来看，离子液体的应用更为显著。从分散剂的种类、分散剂与样品的质量比、离子液体的种类和体积、浮选时间、氮气流量等方面对杂粮燕麦样品的绿色预处理方法进行了评价和指导。基于离子液体的 MSPD-FF-SPE 是一种简单廉价的样品前处理方法,它减少了有机溶剂的消耗,提高了萃取效率和选择性,消除了除草剂的降解,排除了样品的额外纯化和 HPLC 分析前的富集步骤。因此,通过改变实验条件,似乎可以将此方法推广到其他类似杂粮样品中农药的提取、分离和浓缩。

参考文献

[1] Bai SS, Li Zh, Zang XH, et al. Graphene-based magnetic solid phase extraction-dispersive liquid – liquid microextraction combined with gas chromatographic method for determination of five acetanilide herbicides in water and green tea samples[J]. Chinese Journal of Analytical Chemistry, 2013, 41: 1177-1182.

[2] China Food and Drug Administration. National food safety standards Determination of acetanilide herbicide residues in cereals and oil seeds Gas chromatography-mass spectrometry: GB 23200. 1 – 2016 [S/OL]. Beijing: StandardsPressof China, 2017:1-12.

[3] Fra 0, A, Gołębiewski, D, Gołębiewska, K, et al. Triticale-oat bread as a new product rich in bioactive and nutrient components[J]. Journal of Cereal Science, 2018, 82: 146-154.

[4] Hu JY, Zhen ZH, Deng, ZB. Simultaneous determination of acetochlor and propisochlor residues in corn and soil by solid phase extraction and gas chromatography with electron capture detection [J]. Bulletin Environmental Contamination Toxicology,2011 86: 95-100.

[5] Martín – Calero, AM, Pino, V, Afonso, AM. Ionic liquids as a tool for determination of metals and organic compounds in food analysis[J]. Trac-trends in Analytical Chemistry, 2011, 30, 1598-1619.

[6] Vieira NS M, Luís A, Reis PM, et al. Fluorination effects on the thermodynamic, thermophysical and surface properties of ionic liquids[J]. Journal of Chemical Thermodynamics, 2016, 97: 354-361.

[7] Wang J, Li YF, Yang F, et al. Effects of Herbicides on Weed Control and Grain Yield of Different Oat Varieties[J]. Chinese Agricultural Science Bulletin, 2017, 33(19): 133-137.

[8] Zhang LY, Wang ZB, Li N, et al. Ionic liquid-based foam flotation followed by

solid phase extraction to determine triazine herbicides in corn[J]. Talanta,2014, 122: 43-50.

[9] Zhang LY, Yu RZ, Wang ZB, et al. Ionic liquid-based foam flotation followed by solid phase extraction to determine triazine herbicides in corn[J]. Journal of Chromatography B,2014, 132: 953-954.

[10] Zhang LY, Cao BC, Yao D, et al. Separation and concentration of sulfonylurea herbicides in milk by ionic-liquid-based foam flotation solid-phase extraction [J]. Journal of Separation Science,2015, 38: 1733-1740.

[11] Zhang LY, Yao D, Yu RZ, et al. Extraction and separation of triazine herbicides in soybean by ionic liquid foam-based solvent flotation and high performance liquid chromatography determination [J]. Analytical Methods, 2015, 7: 1977-1983.

[12] Zhang LY, Wang CY, Li ZT,et al. Extraction of acetanilides in rice using ionic liquid-based matrix solid phase dispersion-solvent flotation [J]. Food Chemistry,2018, 245: 1190-1195.

第9章 离子液体/离子液体均质液—液微萃取高效液相色谱测定糙米汁中4种酰胺类除草剂

9.1 引言

糙米汁是一种有营养的饮料,这种饮料对人体健康大有裨益。糙米汁的原料是营养发芽的糙米,据说它营养丰富,因为它含有大量的维生素 E 化合物和抗氧化剂。

我国农田杂草约有 255 种,其中常见的农田杂草约有 10 种。田间杂草的生长会给农作物产量的提高和农业生产的发展带来很多负面影响。除草剂在除杂草方面起着重要作用。酰胺除草剂开发于 1960 年,是具有高效性、高选择性的除草剂,广泛应用于防治水稻、小麦、燕麦和其他大田作物中的杂草。例如,丙腈(3,4-二氯丙酰苯胺)是酰胺类除草剂中的一种,是一种高度选择性的出穗后除草剂,广泛用于控制几种不同作物的稗草和其他草类杂草,特别是燕麦和荞麦。在农业生产中使用除草剂,不仅可以减少人工劳动,花费很少的成本,还可以减少由于杂草生长对农作物品质造成的影响。但是残留的除草剂会伤害人体健康,也对生态环境造成影响。大量学者证实,这些酰胺类除草剂对人体是有毒有害的。许多国家和地区已经建立了除草剂的最大残留限量(MRL)。如谷物中甲草胺、丙草胺和丁草胺的最大残留限量分别为 0.2 mg·kg^{-1}、0.1 mg·kg^{-1} 和 0.1 mg·kg^{-1}。

酰胺在植物和土壤中易于降解。一些常用的方法,例如,固相萃取和液相萃取,主要应用于从不同基质样品中萃取对酰胺类除草剂。但是这两种提取方法都很复杂,且需要大量的有机溶剂。在过去的几年中,已经开发了一些新的提取方法以此简化样品制备步骤并节省有机溶剂。均相液—液微萃取(HLLME)是一种液相微萃取技术。该技术已成功应用于环境水样中农药残留的检测。

离子液体是一类处于室温或接近室温的液体,完全由阳离子和阴离子组成。与有机溶剂不同的是,离子液体具有良好的热稳定性和导电性。它是化学工业中传统挥发性溶剂的优质替代品,并且可以避免由于使用传统有机溶剂而导致的如实验环境、人体健康、人员安全和设备腐蚀等问题。它逐渐适合当前倡导的环境保护和可持续发展的要求,并已越来越为人们所认可和接受。

在这项工作中,开发了离子液体/离子液体(IL/IL)HLLME,从不同的糙米汁中提取4种酰胺类除草剂。HPLC用于检测酰胺除草剂。考察了IL/IL HLLME参数对分析物回收率的影响。同时检验了所使用方法的精度。并讨论了提取和分离酰胺类除草剂的最优条件。

9.2 材料与方法

9.2.1 试剂和材料

异丙草胺、丙烷、丙草胺和丁草胺购自国家药品和生物制品控制研究所(中国北京)。1-丁基-3-甲基咪唑六氟磷酸盐([BMIM][PF$_6$],>99.0%纯度),1-己基-3-甲基咪唑六氟磷酸盐([HMIM][PF$_6$],>99.0%纯度),1-辛基-3-甲基咪唑六氟磷酸盐([OMIM][PF$_6$],>99.0%纯度),1-丁基-3-甲基咪唑四氟硼酸盐([BMIM][BF$_4$]),1-己基-3-甲基咪唑四氟硼酸盐([HMIM][BF$_4$],99.0%)。

甲醇和乙腈(色谱级)购自 Fisher Technologies Inc.(美国)。其他分析级试剂均购自北京化工厂(中国北京)。

9.2.2 准备标准溶液和工作溶液

在甲醇中制备浓度为 500 μg·mL^{-1} 的酰胺除草剂标准储备溶液,每周通过用甲醇稀释标准储备溶液来制备标准工作溶液。通过混合标准储备溶液并用甲醇稀释,可以制备出不同浓度的混合工作标准溶液。所有标准溶液和工作溶液均在4℃储存并避光。

9.2.3 样品

2016年6月,在中国黑龙江省大庆市超市购买了四种不同类型的糙米汁,包括原始糙米汁(样品1),燕麦糙米汁(样品2),荞麦糙米汁(样品3)和黑糙米汁(样品4)。

9.2.4 仪器

使用配有二极管阵列检测器(DAD)和四元梯度泵的1100系列液相色谱仪

（美国安捷伦科技公司）。在 Agilent Eclipse XDB-C18 色谱柱（150 mm×4.6 mm i. d. ,3.5 μm,安捷伦,美国）上进行目标分析物的色谱分离。对于样品制备,使用了 RE-52AA 真空旋转蒸发仪（中国上海亚龙）。用 Milli-Q 水净化系统（美国密理博公司）获得 HPLC 级水,并用于制备所有水溶液。

9.2.5　样品制备和提取程序

通过将标准储备溶液加标到样品中来制备四个含有四种酰胺除草剂的加标样品（样品 1~4）。除了在 3.2 节中提到的对所有样品进行的实验外,所有其他结果均由样品 1 获得。

IL/IL HLLME 程序实验原理图,如图 9-1 所示。

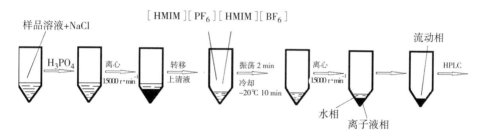

图 9-1　IL/IL HLLME 程序实验原理图

首先将 5.0 mL 样品和 0.25 g NaCl 放入离心管中。用 0.1 mol · L^{-1} 磷酸盐溶液将混合物溶液的 pH 值调节至 6.0。将混合溶液以 15 000 r · min^{-1} 离心 10 min 以完成相分离。将上清液转移到另一个 10 mL 的离心管中。随后,在离心管中加入 60 μL ［HMIM］［PF$_6$］（萃取剂）和 60 μL ［HMIM］［BF$_4$］（分散剂）。将所得溶液剧烈振摇 2 min,并在-20℃ 冷藏 10 min。在 10℃ 下以 15 000 r · min^{-1} 离心 10 min 后,使溶液分层。完全除去上部水相,并将离子液体相沉积在管的底部。为了减少离子液体溶剂的损失,将流动相直接添加到管的底部至 100 μL 的恒定体积。所得溶液通过 0.22 μm PE 滤膜过滤,然后通过 HPLC 分析。

9.2.6　HPLC 分析

乙腈和水（80∶20）的混合溶剂用作流动相。柱温保持在 30℃ ,流动相的流速为 0.50 mL · min^{-1}。UV 检测:228 nm 的波长下进行。参考波长和带宽分别为 360 nm 和 4 nm。

9.3 结果与讨论

9.3.1 样品制备的优化

在优化的实验条件下,所有实验都重复进行了 3 次。

1. NaCl 用量的影响

当萃取剂和分散剂的体积均为 60 μL 时,研究了氯化钠用量(0.10 g,0.15 g,0.20 g,0.25 g,0.30 g)的影响(图 9-2)。

如图 9-2 所示,当氯化钠含量低时,盐析作用起主导作用。随着 NaCl 用量的增加,回收率逐渐增加。然而当 NaCl 的用量过高时,此时水相的密度高于离子液相的密度。萃取剂([HMIM][PF$_6$])中的阴离子[PF$_6$]$^-$和溶液中的Cl$^-$发生了离子交换,从而产生了新的离子液体。这也将降低离子液体的萃取速率和回收率。当 NaCl 的量为 0.25 g 时,回收率最高,因此选择 NaCl 用量为 0.25 g。

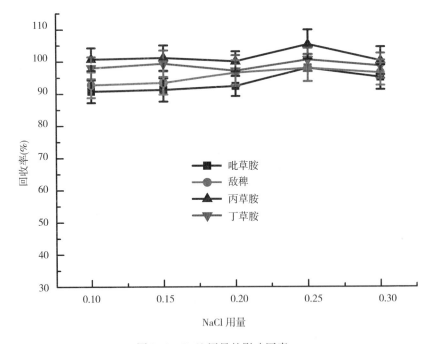

图 9-2 NaCl 用量的影响因素

2. pH 值对样品溶液的影响

溶液的 pH 值是影响萃取的主要因素之一。酰胺类除草剂是一种弱碱性有机化合物,样品溶液的 pH 值对酰胺类除草剂的提取效率有一定的影响。目标化合物的回收率随溶液的 pH 值有明显的变化(图 9-3)。

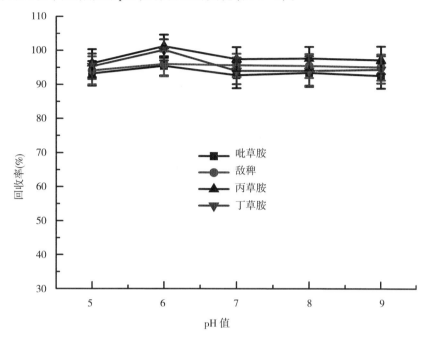

图 9-3　pH 值的影响因素

当 pH 值为 6.0 时,加样回收率达到最大值。随着 pH 值的增加,回收率变化平缓。原因是当 pH 值低于 6.0 时,离子液体的部分 $[PF_6]^-$ 容易水解成 HF,导致萃取效率下降。当 pH 值大于 6.0 时,分配系数下降,原因可能是酰胺类除草剂电离过程中,部分 NH_2 导致分析物回收率下降。因此,提取应在微酸性环境下进行,pH 值为 6 比较适合。

3. 萃取剂类型和体积的影响

离子液体具有独特的物理化学性质,非常适合作为分离纯化的溶剂。亲水和疏水离子液体具有萃取能力。选择 $[BMIM][PF_6]$、$[HMIM][PF_6]$、$[OMIM][PF_6]$、$[BMIM][BF_4]$、$[HMIM][BF_4]$ 这 5 种离子液体作为萃取剂。考察了萃取剂的种类和体积对萃取效果的影响,结果如图 9-4 所示。

图 9-4 实验结果显示,疏水离子液体作为萃取剂时,目标物的回收率明显高于亲水性离子液体作为萃取剂时。其原因可能是疏水离子液体更容易与水分

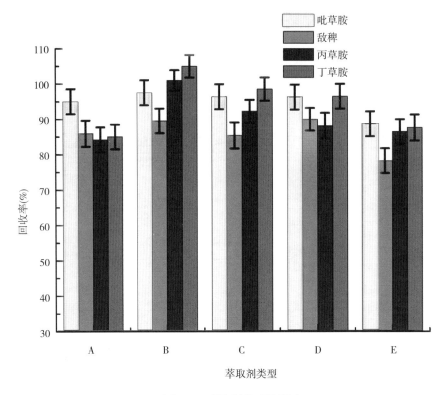

图 9-4 萃取剂类型的影响

离。[BMIM][PF$_6$]在水中的溶解度(1.88 g/100 mL)高于[HMIM][PF$_6$]在水中的溶解度(0.75 g/100 mL)和[OMIM][PF$_6$]在水中的溶解度(0.2 g/100 mL)。结果表明[BMIM][PF$_6$]的回收率低于[HMIM][PF$_6$]和[OMIM][PF$_6$]。但以[OMIM][PF$_6$]为萃取溶剂时,色谱图存在明显的干扰峰。根据这些结果,选择[HMIM][PF$_6$]作为萃取剂。

研究了[HMIM][PF$_6$](30 μL,40 μL,50 μL,60 μL,70 μL)用量的影响。当离子液体体积逐渐增加时,目标物的回收率增加。当离子液体的体积为 60 μL 时,回收率达到最大值。当[HMIM][PF$_6$]的体积大于 60 μL 时,回收率不变。因此,[HMIM][PF$_6$]的体积为 60 μL。

4. 分散剂类型和体积的影响

分散剂类型是影响萃取效率的另一个重要因素。所选分散剂应易溶于萃取剂和水,且不干扰目标化合物的测定。本研究采用两种亲水离子液体([BMIM][BF$_4$]和[HMIM][BF$_4$])和三种有机溶剂(甲醇、乙醇和乙腈)(图 9-5)。

实验结果(图9-5)表明,使用甲醇、乙醇和[HMIM][BF₄]作为分散剂时,酰胺类除草剂的回收率较高。但在实验中发现,溶液有明显的乳化作用,且以甲醇和乙醇为分散剂时萃取相不易抽出。最后,选择[HMIM][BF₄]作为分散剂。

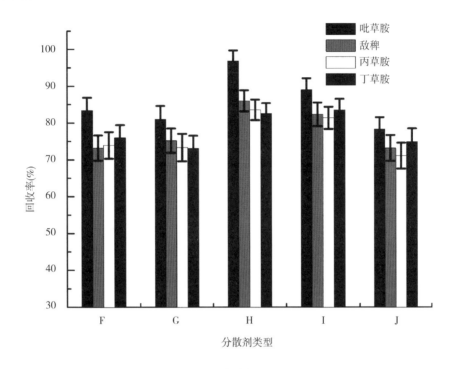

图9-5 分散剂类型的影响

考察了[HMIM][BF₄]用量(40 μL,50 μL,60 μL,70 μL,80 μL)对反应的影响。当[HMIM][BF₄]的体积逐渐增大时,目标分析物的回收率增加。当离子液体的体积为60 μL时,回收率达到最大值。因此,[HMIM][BF₄]的选择体积为60 μL。

5. 提取时间的影响

随着提取时间的延长,可提高回收率的分布。考察了提取时间(5 min、6 min、7 min、8 min、9 min)对目标物回收率的影响。当提取时间小于7 min时,加标回收率随提取时间的增加而增加,当提取时间为7 min时,加标回收率达到最大值,当提取时间大于7 min时,加标回收率不变。因此选择提取时间为7min。

9.3.2 分析性能

1. 检测限（*LODs*）和定量限（*LOQs*）

工作曲线构建的峰面积测量相对于加标样品中分析物的浓度。线性回归方程的斜率、截距及相关系数如表9-1所示。可以看出工作曲线线性良好，相关系数>0.998 5。

表9-1　分析性能

酰胺类除草剂	线性方程	线性范围 （$\mu g \cdot L^{-1}$）	相关系数	$LODs$ （$\mu g \cdot L^{-1}$）	$LOQs$ （$\mu g \cdot L^{-1}$）
吡草胺	$A = 2.352\,6c + 6.643\,3$	25.0~250.0	0.998 7	3.6	12.0
敌稗	$A = 2.442\,7c + 9.329\,2$	25.0~250.0	0.998 9	5.3	17.6
甲草胺	$A = 2.608\,1c - 1.052\,3$	25.0~250.0	0.999 2	4.6	15.3
丁草胺	$A = 3.461\,7c + 1.435\,6$	25.0~250.0	0.998 5	7.4	24.6

检测限（*LODs*）为3.6~7.4 $\mu g \cdot L^{-1}$，即信噪比为3的浓度（表9-1）。这些较低的检测限证明了本方法准确、灵敏地测定除草剂的可行性。定量极限（*loq*；$S/N = 10$）为12.0~24.6 $\mu g \cdot L^{-1}$。对酰胺类除草剂的限定量比最大残留限低，适合于实际应用。

2. 精密度和回收率

通过测定加标样品中的目标物，评价了该方法的重复性。表9-2显示了3种除草剂的平均回收率和精密度（$n = 5$）。3种浓度水平下所有除草剂的回收率为90.9%~106.4%。结果表明，该方法具有良好的重复性。

表9-2　糙米样品的分析结果

		加标水平（$\mu g \cdot L^{-1}$）								
		25.0			50.0			100		
序号	除草剂	回收率 （%）	日内 精密度 *RSD* （%）	日间 精密度 *RSD* （%）	回收率 （%）	日内 精密度 *RSD* （%）	日间 精密度 *RSD* （%）	回收率 （%）	日内 精密度 *RSD* （%）	日间 精密度 *RSD* （%）
	吡草胺	95.4	3.4	4.1	94.6	3.4	3.2	94.7	2.9	3.6
1	敌稗	102.7	3.8	3.6	94.3	3.3	3.9	96.2	3.4	3.6
	甲草胺	94.8	3.5	3.9	94.1	3.8	3.9	93.1	3.1	4.0

续表

| 序号 | 除草剂 | 加标水平（μg·L⁻¹） | | | | | | | | |
| | | 25.0 | | | 50.0 | | | 100 | | |
		回收率（%）	日内精密度 RSD（%）	日间精密度 RSD（%）	回收率（%）	日内精密度 RSD（%）	日间精密度 RSD（%）	回收率（%）	日内精密度 RSD（%）	日间精密度 RSD（%）
2	丁草胺	96.5	3.7	4.1	94.8	3.7	4.1	95.0	3.2	3.9
	吡草胺	101.6	3.9	4.2	93.5	3.2	4.5	95.1	3.1	3.5
	敌稗	93.8	3.4	4.1	93.2	3.6	4.3	94.2	3.2	4.1
	甲草胺	93.3	3.5	4.2	96.2	3.4	4.2	91.7	3.6	3.7
3	丁草胺	92.4	3.4	4.5	95.3	3.2	4.8	93.2	3.3	3.5
	吡草胺	96.0	3.8	4.2	94.9	3.6	3.9	94.1	3.1	3.6
	敌稗	93.3	4.1	4.2	94.9	3.2	4.1	92.6	3.9	3.9
	甲草胺	99.1	3.9	4.6	93.4	3.2	3.7	95.4	3.2	3.7
4	丁草胺	96.8	3.7	4.2	94.4	3.7	3.5	96.6	3.3	3.6
	吡草胺	103.6	3.2	4.0	93.9	3.1	4.0	95.2	3.3	3.8
	敌稗	106.4	4.0	5.2	93.1	3.6	3.8	93.8	3.6	3.9
	甲草胺	97.3	3.6	4.1	96.1	3.2	4.1	92.6	3.0	3.8
	丁草胺	94.9	3.5	4.3	92.8	3.7	3.9	90.9	3.5	4.7

最后,将该方法应用于4个样品中酰胺类除草剂残留量的测定,以评价该方法的适用性。空白样品1、标准溶液和加标样品1的色谱图如图9-6所示。

分析结果见表9-2。结果表明,该方法的回收率为90.9%~106.4%,精密度≤5.2%。目标化合物均未检测到。

9.3.3　不同方法的比较

为了评价本方法的性能,将本方法与文献报道的固相萃取(SPE)、液相萃取、QuEChERs、LLSPE-GC-MS(GB 23200.1—2016)等方法进行比较(表9-3)。

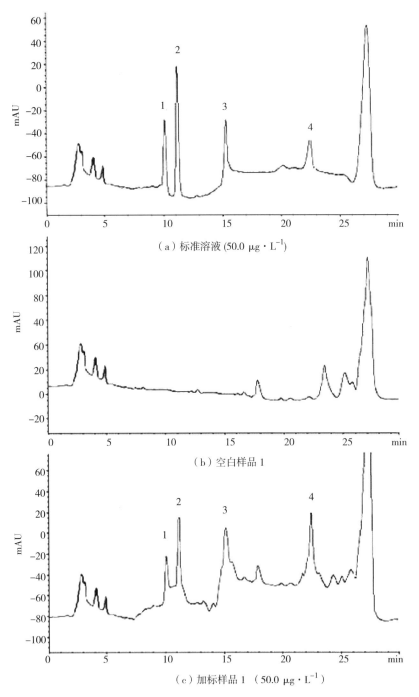

（a）标准溶液（50.0 μg·L⁻¹）

（b）空白样品 1

（c）加标样品 1 （50.0 μg·L⁻¹）

图 9-6　HPLC 色谱图

1—吡草胺　2—敌稗　3—甲草胺　4—丁草胺

表 9-3 方法比较

样品	方法*	进样量	有机溶剂（mL）	线性动态范围	分析时间（min）	加标水平	回收率（%）	LOD（μg·kg⁻¹）
马铃薯	QuEChERs-HPLC	10.0 g	21	$5 \sim 5000$（$\mu g \cdot kg^{-1}$）	60	$50 \sim 1000$（$\mu g \cdot kg^{-1}$）	$71.2 \sim 93.9$	$2.0 \sim 20.0$（$\mu g \cdot kg^{-1}$）
玉米	LPE-GC-ECD	5 g	40	$10 \sim 50$（$\mu g \cdot kg^{-1}$）	20	$10 \sim 500$（$\mu g \cdot kg^{-1}$）	$78.56 \sim 103.16$	$2 \sim 10$（$\mu g \cdot kg^{-1}$）
水	SPME-HPLC-PIF-FD	3 mL	0	$0.1 \sim 50$（$\mu g \cdot L^{-1}$）	20	50（$\mu g \cdot L^{-1}$）	$75 \sim 110$	$0.019 \sim 0.034$（$\mu g \cdot kg^{-1}$）
大豆	LPE-HPLC	2 g	59	$50 \sim 1000$（$\mu g \cdot kg^{-1}$）	35	$50 \sim 1000$（$\mu g \cdot kg^{-1}$）	$75 \sim 102$	$10 \sim 50$（$\mu g \cdot kg^{-1}$）
谷物及油籽	LLSPE-GC-MS	10 g	180	$50 \sim 1000$（$\mu g \cdot L^{-1}$）	至少120	$20 \sim 2000$（$\mu g \cdot kg^{-1}$）	$72.8 \sim 101.9$	$20 \sim 50$ $\mu g \cdot kg^{-1}$
糙米汁	IL/IL HLLME-HPLC	5.0 mL	0.1	$25 \sim 250$（$\mu g \cdot L^{-1}$）	30	$25 \sim 100$（$\mu g \cdot L^{-1}$）	$90.9 \sim 106.4$	$3.6 \sim 7.4$（$\mu g \cdot L^{-1}$）

*：LPE：液相萃取；SPME，solid phase micextraction；QuEChERs：快速、简单、便宜、有效、坚固、安全；SPME-HPLC-PIF-FD：固相微萃取结合高效液相色谱以及结合柱后光化学诱导荧光衍生和荧光检测；LLSPE-GC-MS：液—液固相萃取与气相色谱—质谱联用。

本方法结合高效液相色谱法在某些方面具有一定的优势，主要体现在有机溶剂消耗少、实验成本低、操作简单、预处理时间短。此外，在实验前的过程中，不需要将蛋白质和脂质分开去除。

9.4 小结

该方法成功地应用于糙米汁中美甲草胺、丙基、甲草胺和丁草胺残留量的提取、分离和浓缩。样品溶液的制备除 ILs 外，不使用其他有机溶剂，采用均相萃取，缩短了提取时间，降低了 RSD，提高了总萃取效率和回收率。因此，可以尝试通过改变提取条件，将该方法推广到其他类似样品中除草剂残留的提取、分离和浓缩。

参考文献

［1］Hu JY, Zhen ZH, Deng ZB. Simultaneous determination of acetochlor and propisochlor residues in corn and soil by solid phase extraction and gas chromatography with electron capture detection［J］, Bulletin of Environmental Contamination and Toxicology, 2011, 8695-100.

［2］Zhang ly, Wang Ch W, Li ZT, et al. Extraction of acetanilides in rice using ionic liquid - based matrix solid phase dispersion - solvent flotation［J］. Food Chemistry, 2018, 245.

［3］Zhang L, Han F, Hu YY, Zheng P, et al, Selective trace analysis of chloroacetamide herbicides in food samples using dummy molecularly imprinted solid phase extraction based on chemometrics and quantum chemistry［J］, Analytica Chimica Acta, 2012, 729: 36-44.

［4］Hosseini MH, Asaadi P, Rezaee M, et al. Homogeneous liquid - liquid microextraction Via flotation assistance (HLLME - FA) method for the pretreatment of organochlorine pesticides in aqueous samples and determination by GC-MS［J］. Chromatographia, 2013, 76: 1779-1784.

［5］Zhang LY, Cao BH, Yao D, et al. Separation and concentration of sulfonylurea herbicides in milk by ionic - liquid - based foam flotation solid - phase extraction［J］. Journal of Separation Science, 2015, 38(10): 4241-4246.

［6］Li N, Zhang R, Li N, Ren RB, et al. Extraction of eight triazine and phenylurea herbicides in yogurt by ionic liquid foaming-based solvent floatation［J］. Journal of Chromatogr. A, 2012 1222: 22-28.

［7］Gao SQ, Jin HY, You JY, et al. Ionic liquid-based homogeneous liquid - liquid microextraction for the determination of antibiotics in milk by high - performance liquid chromatography［J］. Journal of Chromatogr. A. 2011, 1218: 7254-7263.

［8］China Food and Drug Administration. National food safety standards-Determination of acetanilide herbicide residues in cereals and oil seeds Gas chromatography-mass spectrometry: GB 23200. 1 - 2016［S/OL］. Beijing: StandardsPressof China, 2017: 1-12.

第10章 固载离子液体法提取、分离杂豆中三嗪和酰胺类除草剂

10.1 引言

杂豆在中国居民的饮食结构中占有十分重要的地位。与谷物相比,杂豆的血糖生成指数较低,大多在55以下。在日常饮食中可以加入一些杂豆,杂豆在预防代谢疾病如糖尿病、冠心病和各种癌症方面起着重要作用。杂豆适应性强,具有生长期短、耐旱、耐盐碱、耐贫瘠及高抗性等作用。在中国半干旱地区广泛种植,且品种和产量世界第一。

随着种植面积的扩大,为了防止杂草的生长,我们使用了越来越多的化学除草剂。三嗪类和乙酰苯胺类除草剂是使用最广泛的两种除草剂。然而,一些研究已经证实,这些除草剂对人类和生物环境都有害。

阿特拉津、恶草酮、吡草胺、敌稗四种除草剂因其良好的除草效果,在我国已成为农民常用的除草剂。在最新国家标准中,阿特拉津、吡草胺和敌稗在玉米或大米中的最大残留限量分别为 $0.05\ mg \cdot kg^{-1}$、$0.1\ mg \cdot kg^{-1}$ 和 $2\ mg \cdot kg^{-1}$。然而,食品中恶草酮的最大残留限量却没有规定,而且国标中只有三种除草剂在大米和玉米中的最大残留限量,在杂豆中的残留限量没有做规定。也就是说,现行标准仍缺乏杂豆中四种除草剂的最大残留限量及分析方法。因此,本文选择了杂豆中常用的四种除草剂作为研究对象。

基质固相分散(MSPD)是一种样品前处理的方法。MSPD已被证明是一种从复杂的植物和动物样品中提取和分离药物和其他化合物的有效方法,其优点是在研磨过程中,由于外力的作用,可以破坏样品的结构,增加样品的提取面积。样品与分散剂充分混合,使待测目标物释放,释放出的目标物按一定规则(极性大小)分散在分散剂表面,然后选择适当体积的洗脱液洗脱待分离物质。

离子液体(IL)具有很多优势,特别是其可以固定在硅胶表面上。当IL被固定化时,IL将失去液态,形成新的分散剂。但IL本身的优势和特点不会改变。与无离子液体硅胶相比,固载化离子液体(SIIL)增加了表面积,提高了萃取效率。硅胶固载化离子液体的合成报道较多,但对除草剂的分析报道较少。

本试验制备了硅胶固载离子液体(SIIL),并用红外光谱对其结构进行表征。以制备的 SIIL 为分散剂,结合高效液相色谱法对杂豆中 4 种三嗪类和酰胺类除草剂进行了提取、分离和测定。提取和净化可以在一个步骤中完成,分析速度大大提高。

10.2 材料与方法

10.2.1 仪器与试剂

仪器设备列在表 10-1 中。

表 10-1 仪器设备列表

仪器名称	型号	厂家
高效液相色谱仪	1260	美国安捷伦科技有限公司
红外光谱仪	Tensor II	德国布鲁克有限公司
粉碎机	HR-2870	飞利浦
旋转蒸发仪	RE-52AA	上海亚荣
净水系统	Milli-Q	美国 Millipore 公司
XDB-C18 色谱柱	150 mm×4.6 mm i. d. , 3.5 μm	美国安捷伦科技有限公司

主要化学品列于表 10-2。

表 10-2 化学试剂列表

名字	规格	厂家
品种	25 mg	国家药品和生物制品控制研究所
恶草酮	25 mg	国家药品和生物制品控制研究所
吡草胺	25 mg	国家药品和生物制品控制研究所
敌稗	25 mg	国家药品和生物制品控制研究所
1-己基-3-甲基咪唑四氟硼酸盐	[C6MIM][BF4], >99.0% 纯度	上海成捷公司
乙腈和甲醇	HPLC 级	美国赛默飞世尔公司
硅胶	200~300 目	烟台江油公司
二氯甲烷	500 mL	济南通达公司

名字	规格	厂家
丙酮	500 mL	苏州博洋公司
乙酸乙酯	500 mL	济南通达公司

10.2.2　试验试剂的配置

准确称取阿特拉津、恶草酮、吡草胺、敌稗等标准溶液,分别用甲醇溶解,调整体积至 50 mL,制备 100 μg·mL^{-1} 的标准溶液,-50℃避光保存。每周用甲醇稀释混合标准溶液,配制标准溶液和混合标准溶液。所有溶液在-50℃黑暗中保存。

10.2.3　样品的制备

研究人员从大庆当地的超市购买了红豆、芸豆和黑豆等样品,并在 4℃ 下储存。样品用研磨机粉碎,通过 80 目筛后得到粉末样品。将标准溶液加入空白样品中,得到加标样品。为了保证 4 种除草剂的均匀分布,在豆子样品中加入适量的丙酮并仔细搅拌,室温干燥 24 h。

10.2.4　离子液体的制备

硅胶固定的离子液体(SIIL)是根据 Wang 等人报道的方法制备的,并在此基础上进行了一些更改。经过前期实验,由于其良好的生物相容性,选择[C$_6$MIM][BF$_4$]作为制备 SIIL 的离子液体。硅胶在马弗炉中于 180℃活化 3 h。为了使 IL 固定在硅胶表面,本研究使用了直接浸入法,将硅胶浸入含有[C$_6$MIM][BF$_4$]的甲醇溶液中,搅拌 2.0 h,然后在烘箱中于 60℃干燥至恒重。最终,白色固体粉末为 SIIL。

10.2.5　基于硅胶改性后的基质固相分散法

基于硅胶改性的基质固相方法的示意图如图 10-1 所示。首先,将 1.0 g 样品和 4.0 g SIIL 在玛瑙砂浆中均匀研磨 5 min,得到混合物。然后,将混合物倒入底部有一层吸水棉的空柱中,用玻璃棒小心压缩,将第二层吸水棉放置在样品混合物的顶部。以二氯甲烷为洗涤溶剂对柱进行洗涤。随后,用 2.0 mL 甲醇洗脱液洗脱混合物。流量由重力控制,将洗脱液转移到鸡心瓶中,用旋转蒸发器于 35℃下进行干燥。除去 2.0 mL 甲醇溶解圆底烧瓶残渣,得到分析溶液。分析溶液经

0.22 μm PTFE 过滤膜过滤后进行高效液相色谱分析,HPLC 条件列于表 10-3 中。

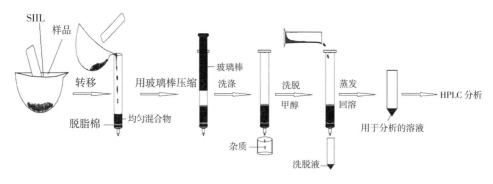

图 10-1　SIIL-based MSPD 原理图

表 10-3　HPLC 分析条件

	HPLC 条件
柱温	30℃
流动相	A:水; B:乙腈
流速	0.50 mL·min^{-1}
UV 检测波长	230 nm
参比波长	360 nm
梯度	0~5 min, 40%~60% B; 5~9 min, 60%~80%B; 9~13.5 min, 80%~79.5% B; 13.5~14.7 min, 79.5% B; 14.7~16.0 min, 79.5%~79.4%B; 16~21 min, 79.4%~79.0% B; 21~25 min, 79.0%~60.0% B

10.3　结果与讨论

10.3.1　硅胶固定化离子液体的特性

SIIL 的红外光谱如图 10-2 所示。

与硅胶和 SIIL 的红外光谱比较是确定 IL 是否固定在硅胶上的重要方法。在图 10-2(A)中,在 1 155 cm^{-1} 和 1 050 cm^{-1} 处,强吸收带是 Si—O—II 和 Si—O—Si 基团的振动峰。在 3 445 cm^{-1} 处是硅胶表面上 Si—OH 的吸收峰。图 10-2(B)是 SIIL 的特征光谱。从图 10-2(B)可以看出,咪唑环的 C=C 振动

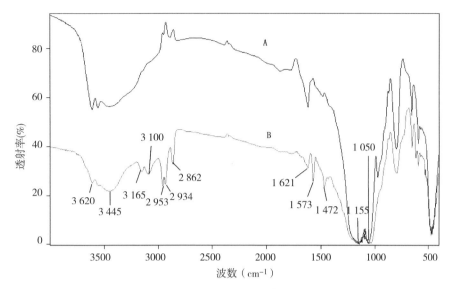

图 10-2　硅胶和硅胶固载离子液体的红外光谱图

A—硅胶　B—硅胶固载离子液体

吸收峰在 1 472 cm⁻¹ 和 1 573 cm⁻¹。另外,芳环和饱和烷烃的 C—H 振动峰分别在 3 100 cm⁻¹ 和 2 953 cm⁻¹、2 934 cm⁻¹、2 862 cm⁻¹ 附近。酰胺带的指纹区域为 3 620 cm⁻¹(N—H)和 1 621 cm⁻¹(C＝O)。这意味着某些 C—N 键正在与 SiO₂ 相互作用。基于以上分析,IL 成功地固定在硅胶表面上。

10.3.2　优化基于硅胶改性后的基质固相分散法

为了更好地优化实验条件,减少误差,所有实验需要重复进行三次。

1. 离子液体对硅胶固定法的影响

SIIL 中离子液体的含量对萃取效果有很大的影响。考察了离子液体 0、5%、10%、20%、30% 对萃取效率的影响。如图 10-3 所示,当 SIIL 中 IL 含量从 0 增加到 10% 时,4 种除草剂的回收率显著增加。这可能是因为随着 IL 含量的增加,更多的 IL 被固定在硅胶表面,从而增加了吸附剂的比表面积。与不含离子液体的硅胶相比,SIIL 具有更高的活性和可重复使用性,并加快了传质速率,提高了分析性能。当 IL 含量从 10%~30% 增加时,4 种除草剂的回收率逐渐降低。IL 固定在硅胶上的主要原因可能是范德华力的限制。当 IL 含量过大时,部分 IL 脱落,影响固定过程。在单因素试验的基础上,采用正交试验设计(OED)进一步优化了 IL 含量对 SIIL(5%、10%、15%)的影响。

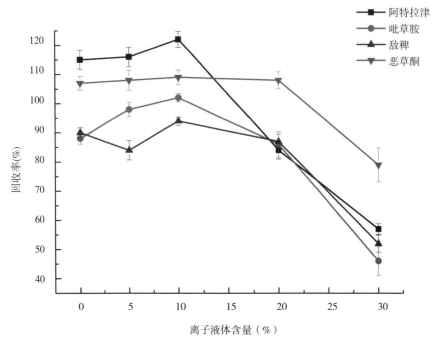

图 10-3　离子液体含量的影响

2. 硅胶固定化与样品质量比的影响

SIIL 与样品的质量比对提取结果有一定的影响,一般选择质量比为 1:1 ~ 5:1。如图 10-4 所示,随着 SIIL 的增加,表面积比增加,回收率逐渐增加。当 SIIL 与样品的比值增加到 4:1 时,分析物的回收率均明显高于其他质量比值的回收率。当 SIIL 与试样的比例小于 4:1 时,混合物黏度更大,不易转移。为进一步研究多因素、多水平对样品回收率的影响,采用正交试验设计(OED)优化了 SIIL 与样品质量比(3:1、4:1、5:1)对实验结果产生的影响。

3. 洗涤溶剂种类及用量的影响

研究了石油醚(PE)、正己烷(NH)、丙酮(AT)、四氯化碳(CT)和二氯甲烷(DM)对除草剂提取效率的影响。这可以从图 10-5 中看到,当石油醚和正己烷作为洗涤溶剂时,不能完全去除豆类中的脂肪含量。仅使用二氯甲烷时,洗脱液脂肪含量较少,澄清透明。因此,本实验选择二氯甲烷作为洗涤溶剂。

研究了二氯甲烷体积对四种除草剂回收率的影响。当二氯甲烷体积小于 20 mL 时,洗脱液浑浊不清。在单变量实验结果的基础上,采用正交试验设计(OED)进一步优化了二氯甲烷体积(15 mL、20 mL、25 mL)对实验结果产生的影响。

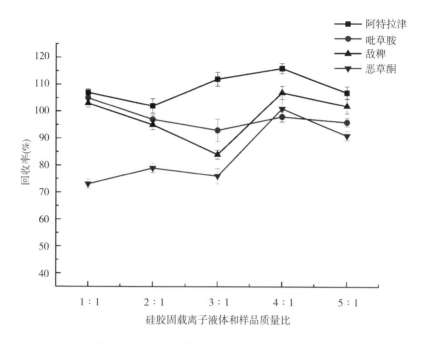

图 10-4　硅胶固载离子液体和样品质量比的影响

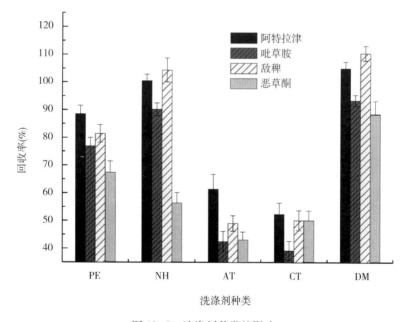

图 10-5　洗涤剂种类的影响

4. 洗脱液类型的影响

分散剂对目标分析物具有一定的吸附能力,洗脱液具有一定的能力将目标分析物从分散剂中洗脱。目标物可以通过不同的有机溶剂被有选择地洗脱。本实验考察了丙酮(ACE)、乙腈(ACN)、乙酸乙酯(EA)、甲醇(MeOH)、乙醇(EOH)作为洗脱液的效果。结果如图 10-6 所示。乙腈和丙酮有良好的作用。甲醇洗脱液对 4 种除草剂的回收率均高于乙酸乙酯和乙醇洗脱液。因此,在进一步实验中选择甲醇作为洗脱液。

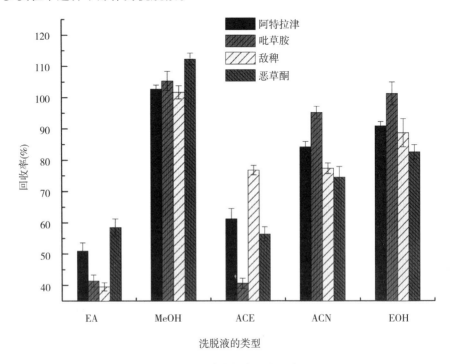

图 10-6 洗脱液的类型的影响

5. 甲醇体积的影响

少量洗脱液可能导致目标分析物洗脱不完全。因此,我们测试了甲醇体积分别为 1.0 mL、1.5 mL、2.0 mL、2.5 mL 和 3.0 mL 的影响。从图 10-7 可以看出,当甲醇体积为 2.0 mL 及以上时,阿特拉津、恶草酮、吡草胺和敌稗的回收率最高,且趋于稳定,证明洗脱工作已经完成。为了保护环境和减少有机试剂的体积,实验中选择了能完全洗脱的最小体积。在单因素实验结果的基础上,采用正交试验设计(OED)进一步优化了甲醇体积(2.0 mL、2.5 mL 和 3.0 mL)对实验结果的影响。

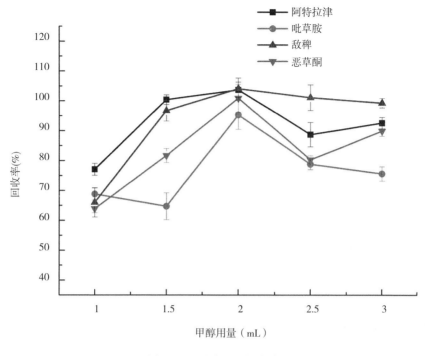

图 10-7　甲醇用量的影响

10.3.3　正交试验设计

在单因素试验的基础上,进行正交试验[$L_9(3^4)$]确定最佳工艺条件。SIIL 中 IL 含量(A) (A1,5%;A2,10%;A3,15%),SIIL 与样品质量比(B) (B1,3∶1;B2,4∶1;B3,5∶1),二氯甲烷体积(C) (C1、15 mL;C2, 20 mL;C3, 25 mL),以及甲醇(D)的体积(D1, 2.0 mL; D2, 2.5 mL;D3, 3.0 mL)的回收率见表 10-4。

表 10-4　正交试验结果

序号	(A)	(B)	(C)	(D)	除草剂的平均回收率(%)
1	A_1	B_1	C_1	D_1	86.3
2	A_1	B_2	C_2	D_2	105.0
3	A_1	B_3	C_3	D_3	89.4
4	A_2	B_1	C_2	D_3	101.5
5	A_2	B_2	C_3	D_1	106.4
6	A_2	B_3	C_1	D_2	97.2

序号	（A）	（B）	（C）	（D）	除草剂的平均回收率(%)
7	A_3	B_1	C_3	D_2	87.4
8	A_3	B_2	C_1	D_3	97.1
9	A_3	B_3	C_2	D_1	98.8
K_1	280.7	275.2	280.6	291.5	
K_2	305.1	308.5	305.3	289.6	
K_3	283.3	280.4	283.2	288.0	
R	24.4	33.3	24.7	3.5	

表中 Kn 为各因素在不同水平下的平均效应，R 为极差。ODE 实验结果表明，SIIL 与样品的质量比对萃取效果有重要影响，其次是二氯甲烷体积、SIIL 中 IL 的含量和甲醇体积。根据 ODE 实验结果，选择 SIIL 中 IL 的含量、SIIL 与样品的质量比、二氯甲烷体积、甲醇体积分别为 10%、4∶1、20 mL、2.0 mL。

10.3.4　性能分析

1. 线性关系

结果如表 10-5 所示。相关系数为 0.991 3 ~ 0.996 0。$LODs$（信噪比）为 3，在 2.4 ~ 10.3 $\mu g \cdot kg^{-1}$ 范围内。定量限（$10S/N$）在 8.1 ~ 34.2 $\mu g \cdot kg^{-1}$ 范围内。阿特拉津、恶草酮、吡草胺、敌稗的浓度与峰面积呈良好的线性关系，满足测定要求。

表 10-5　分析性能

除草剂	线性方程	相关系数	线性范围 （$\mu g \cdot mL^{-1}$）	LOD （$\mu g \cdot kg^{-1}$）	LOQ （$\mu g \cdot kg^{-1}$）
品种	$A = 305.19c + 127.466$	0.993 4	0.1 ~ 10	10.3	34.2
吡草胺	$A = 316.48c + 98.216$	0.991 4	0.1 ~ 10	2.9	10.1
敌稗	$A = 244.51c + 136.438$	0.991 3	0.1 ~ 10	3.8	13.1
恶草酮	$A = 162.90c + 25.478$	0.996 0	0.1 ~ 10	2.4	8.1

2. 精密度和回收率

对该方法的精密度和回收率进行了评价。日内精密度的相对偏差（RSD）为 1.8% ~ 5.7%，4 种除草剂的平均回收率在 90.7% ~ 116.5% 之间（表 10-6），满足农药残留检测要求。

表 10-6　实际样品的分析结果

品种	阿特拉津		吡草胺		敌稗		恶草酮	
	回收率（%）	日内精密度 RSD（%）	回收率（%）	日内精密度 RSD（%）	回收率（%）	日内精密度 RSD（%）	回收率（%）	日内精密度 RSD（%）
芸豆	112.5	2.9	91.4	3.7	110.4	5.5	99.8	4.4
红豆	110.6	2.3	94.5	5.6	116.5	1.8	104.7	4.0
黑豆	105.1	5.7	90.7	3.9	109.3	3.4	100.8	3.3

3. 实际样品分析

为了评估本方法的可行性,对红豆、芸豆和黑豆进行了预处理和检测。图 10-8（a）、（b）、（c）为标准溶液、空白样品溶液和加标样品溶液的色谱图。表 10-6 给出了分析结果。结果表明,在芸豆、红豆和黑豆中,阿特拉津、吡草胺和敌稗均检测不到。同时只在芸豆中检出恶草酮残留,结果见图 10-8（d）,芸豆中恶草酮的浓度为 $0.92 \text{ mg} \cdot \text{kg}^{-1}$。

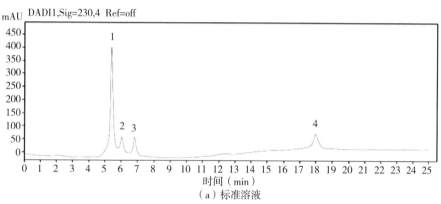

（a）标准溶液

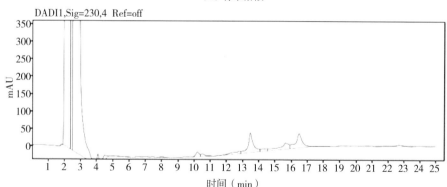

（b）空白样品

图 10-8

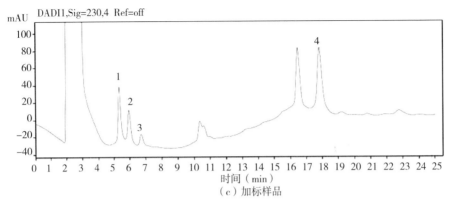

（c）加标样品

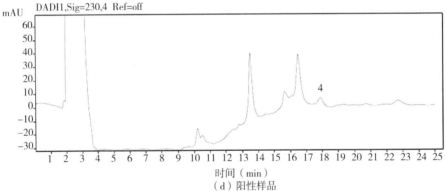

（d）阳性样品

图 10-8　HPLC 色谱图

1—阿特拉津　2—吡草胺　3—恶草胺　4—恶草酮

10.3.5　与其他方法的比较

本方法与中国国家标准方法（GB 23200.113—2018）进行比较。如表 10-7 所示,本方法在分析三嗪类和乙酰苯胺类除草剂残留时具有较高的准确性和灵敏度。且操作步骤简单,省去离心步骤,时间短,成本低。离子液体是一种绿色无污染的试剂。硅胶固定化离子液体的制备大大提高了分散剂的比表面积,提高了分散剂的回收率。

表 10-7　与 GB 2016 方法比较结果

样品	方法*	进样量	有机溶剂	线性动态范围	分析时间（min）	加标水平（μg·kg⁻¹）	回收率（%）	LOD（μg·kg⁻¹）
豆类	SIL Modified MSPD	1.0 g	0.8 mL	0.2~20（ng/kg）	2	10	90.7~116.5	2.4~10.3

续表

样品	方法*	进样量	有机溶剂	线性动态范围	分析时间（min）	加标水平（μg·kg⁻¹）	回收率（%）	*LOD*（μg·kg⁻¹）
谷物及油籽	LLSPE	10.0 g	180 mL	50~1000（μg·L⁻¹）	至少 120	20~2000	72.8~101.9	20~50

*:LLSPE：液—液固相萃取；SIIL Modified MSPD：基于硅胶改性后的基质固相分散法。

10.4　小结

本研究制备了硅胶固定化离子液体,并用作基质固相分散的分散剂。该方法用于同时提取和分离红豆、芸豆和黑豆中的阿特拉津、恶草酮、吡草胺和敌稗的残留量。探讨了硅胶改性基质固相分散的工艺条件。与标准方法比较表明,该方法操作简单、快速、灵敏、成本低、有机溶剂用量少。本研究的创新之处在于建立了一种基于硅胶固定化改进基质固相分散方法的同时,提取并分离了大豆中三嗪类和乙酰苯胺类除草剂。萃取、分离和清理可以一步完成,分析速度可以大大提高。对于复杂基体的豆类样品的检测也取得了理想的结果。这对拓宽基于硅胶固定化的基质固相分散方法的应用具有重要的指导意义。

参考文献

［1］Beijing KeFa WeiYe CO., LTD.（2019）Summary of registration of drug use of characteristic small crops in China. Pestic Mark News 8(24):37–39.

［2］China Food and Drug Administration. National food safety standards Determination of acetanilide herbicide residues in cereals and oil seeds Gas chromatography–mass spectrometry：GB 23200. 1 – 2016［S/OL］. Beijing：StandardsPressof China，2017:1–12（2017–02–09）［2017–04–02］.

［3］Han XR，Song LL. Study on production and consumption characteristics and industrial development trends of mung bean and adzuki bean in China［J］. Journal of Agricultural Science and Technology，2019，21(8)：1–10.

［4］National standards for the People's Republic of China，2016，National standards for the People's Republic of China，2018

［5］National standards for the People's Republic of China. National food safety standard-Maximum residue limits for pesticides in food. GB 2763-2016.

[6] National standards for the People´s Republic of China. (2019), National food safety standard maximum residue limits for pesticides in food. GB 2763-2019.

[7] National standards for the People´s Republic of China. (2018), National food safety standard determination of 208 pesticides and metabolites residue in foods of plant origin-Gas chromatography-tandem mass spectrometry method. GB 23200. 113-2018.

[8] Wang ZhB, Zhang LY, Li N, et al. Ionic liquid-based matrix solid-phase dispersion coupled with homogeneous liquid – liquid microextraction of synthetic dyes in condiments[J]. Journal of Instrumental Analysis, 2014, 1348: 52-62.

[9] Wang ZhB, Zhao Y, Xin N, et al. Extraction of phenolic acids and flavonoids from nidus vespae using silica-supported ionic liquid-based matrix solid-phase dispersion[J]. Modern Food Science and Technology, 2015, 158-164.

[10] Wang FCh, Wang MJ, Shen YX, et al. Status of Pulses Milling Methods and Application Value[J]. Henan Univer Tech (Natural Science Edition). 2019, 40(1): 120-125.

[11] Zhang LY, Cao BC, Yao D, et al. Separation and concentration of sulfonylurea herbicides in milk by ionic-liquid-based foam flotation solid-phase extraction [J]. Journal of Separation Science, 2015, 38(10): 1733-1740.

[12] Zhang LY, Wang CY, Li ZT, et al. Extraction of acetanilides in rice using ionic liquid-based matrix solid phase dispersion-solvent flotation. Food Chemistry, 2018, 245: 1190-1195.

[13] Zhang LY, Yu RZh, Yu YB, et al. Determination of four acetanilide herbicides in brown rice juice by ionic liquid/ionic liquid-homogeneous liquid-liquid micro – extraction high performance liquid chromatography [J]. Microchemical Journal2019, 146: 115-120.

第 11 章 双水相萃取—高效液相色谱法测定红小豆中酰胺类除草剂残留

11.1 引言

红小豆是一年生草本植物。红小豆富含必需氨基酸、钙、磷等矿物质元素。近年来,红小豆种植面积不断扩大。随着现代农业的快速发展和人们对杂草抗性的增强,人们对除草剂的需求和依赖程度越来越高,这会导致除草剂的残留。酰胺类除草剂已成为一种广泛应用于农业生产的除草剂。然而,这些除草剂对人类健康和自然环境造成了极大的隐患和危害。除草剂很容易通过渗漏转移到地表水和浅层地下水中,然后被土壤和沉积物吸附。结果表明,酰胺类除草剂毒性大,具有致癌作用。乙草胺已被美国环境保护署指定为 B-2 致癌物质。酰胺类除草剂的残留问题越来越受到人们的重视。因此,建立快速、高通量的红小豆中酰胺类除草剂多残留检测方法显得尤为重要,对保障作物安全和人体健康具有重要意义。

目前,酰胺类除草剂的提取方法主要有 QuEChERS 法、固相萃取(SPE)、均相液—液微萃取(HLLME)、基质固相分散—溶剂浮选(MSPD-SF)等。然而,这些传统的或新兴的方法都存在一定的缺陷。QuEChERS 方法的主要缺点是不能有效地净化,特别是对于某些复杂的底物。固相萃取法操烦琐,有机溶剂用量大。其他传统的提取方法都很烦琐,而且会使用有机溶剂。需要建立一种快速、简便、绿色、高效的提取方法。

双水相体系(ATPS)是由 Karler 等人于 1989 年首次发现的。随后,Yang 等人报道了双水相萃取测定蜂蜜中抗生素的方法,并用双水相法取得了较好的结果。双水相萃取作为一种高效、温和的新型绿色分离体系,以其独特的优势在生物分离工程、化学分析、食品化工等领域得到了广泛的应用。因此,它引起了国内外研究者的关注。

本工作采用双水相体系(ATPS)萃取与高效液相色谱(HPLC)联用,对乙酰苯胺类除草剂进行了提取和检测。酰胺类除草剂可用醇(有机相)提取。在无机相中,蛋白质和脂肪等杂质可以快速高效地沉淀出来,然后通过离心除去。该方法具有处理量大、萃取效率高、操作简单、耗时短、条件温和、选择性高、易于连续操作等优点。

11.2 材料与方法

11.2.1 化学品和材料

乙草胺、丁草胺、丙醇和异丙甲草胺由中国北京国家医药生物制品研究所提供。硫酸铵、无水乙醇、磷酸氢二铵和异丙醇(分析级)购自北京化工厂(中国北京)。色谱级乙腈和甲醇购自赛默飞世尔公司(美国)。所有其他分析级溶剂均购自北京化工厂(中国北京)。制备了硫酸铵/乙醇(A)、硫酸铵/异丙醇(B)、硫酸铵/甲醇(C)、磷酸氢二铵/乙醇(D)、磷酸氢二铵/异丙醇(E)五种双水相体系,用于进一步实验。

乙草胺、丁草胺、丙醇和异丙甲草胺用甲醇(浓度为 100 μg·mL^{-1})溶解在标准溶液中。每周制备一次工作校准溶液,用甲醇稀释工作校准溶液的等分试样。以与工作标准溶液相同的方法配制不同浓度的混合工作校准溶液。所有标准溶液和工作溶液均存储在 4℃下,并进行防光保护。

11.2.2 仪器

采用 1 260 系列液相色谱仪(美国安捷伦公司),配有二极管阵列检测器、自动进样器和四梯度泵。目标分析物的色谱分离在 Agilent Eclipse XDB-C18 柱(150 mm×4.6 mm i.d.,3.5 μm,美国安捷伦)上进行。使用 HR-2870 飞利浦磨粉机(飞利浦,中国珠海)和 RE-52AA 真空旋转蒸发器(中国上海雅荣)。HPLC级水从 Milli-Q 净水系统(美国米利波尔公司)获得,并用于制备所有水溶液。

11.2.3 样品制备

2018 年 8 月,从中国黑龙江省大庆市当地超市和农贸市场购买三种红小豆样品。为了获得粉状样品,每种红小豆样品在模型磨机上粉碎,经过 80 目筛分后提取。以样品 1 为例,对双水相萃取条件优化和方法评价的实验结果进行了分析和确定,精密度和回收率均取自三个实际样品。

通过将标准储备溶液加标到样品中来制备新鲜的和陈旧的加标样品。添加水平分别为 10.0 μg·kg^{-1} 和 100.0 μg·kg^{-1}。加入适量的丙酮润湿红小豆粉可以确保酰胺类除草剂分布均匀。进行小心搅拌,然后在环境温度下风干 24 h。

11.2.4　双水相萃取(ATPS)

在初步实验中,选择了氯化钠、硫酸铵、氯化钾、磷酸氢二铵和偏磷酸钠 5 种常见的盐进行了相分离效果的比较。结果表明,硫酸铵和磷酸氢二铵的相分离效果最好。这可能是由于二价阴离子具有较强的盐析能力和相分离能力。

实验过程在实验室完成,原理图如图 11-1 所示。将红小豆样品粉末 (2.00 g) 添加到 15 mL 离心管中。随后加入一定质量分数的硫酸铵溶液和无水乙醇。剧烈地摇动管子以混合均匀。然后,将装有混合物的试管浸入超声浴中,在 35℃ 下用 300 W 超声功率超声振荡 1.0 min。摇动后的试管放入高速离心机中,在室温下以 10 000 r·min⁻¹ 分离心 2 min。离心后溶液分为两相,上相为富含醇溶液,下相为盐溶液。ATPS 和目标分析物被提取到上层阶段。将 100 μL 上层相用 50 μL 甲醇稀释。分析前用 0.22 μm 聚四氟乙烯滤膜过滤。

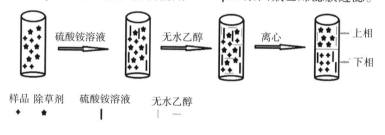

图 11-1　ATPS 实验流程示意图

11.2.5　高效液相色谱分析

流动相 A 和 B 分别为水和乙腈(40∶60)。柱温 30 min,流动相流速 0.50 mL·min⁻¹。4 种分析溶液的进样量为 20 μL。参照文献,选择 5 个波长同时进行多波长测定,并根据色谱峰的情况选择 230 nm。参比波长为 360 nm,带宽为 4 nm。

11.3　结果与讨论

11.3.1　双水相萃取条件的优化

为了更好地优化实验条件,减少误差,所有实验都需要重复进行三次。

1. 双水相体系类型的影响

上层为有机相,下层为无机相。样品在两相中的分配系数与两相体系的类型密切相关。在本工作中,样品分配系数是指除草剂在有机相和无机相中的平衡浓度之比。分配系数受两相之间的相互作用(包括静电相互作用、疏水相互作用和亲和相互作用)的影响。

研究了5种双水相体系。研究人员发现(图11-2),用D和E作萃取剂时,四种酰胺类除草剂的回收率都很低。B对丙醇和乙草胺的提取效果较好,但不能很好地提取异丙甲草胺。A、C可成功提取4种酰胺类除草剂,且回收率均较高。硫酸铵和乙醇无毒、环保、价格相对低廉、绿色环保、节约成本。因此,最终选择了硫酸铵/乙醇体系进行实验。

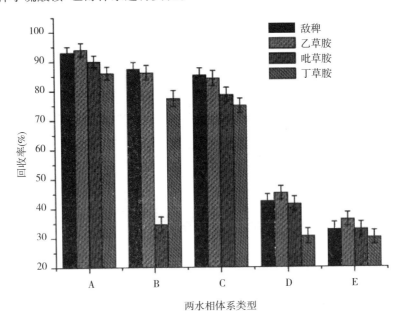

图11-2 两水相体系类型对4种乙酰苯胺类除草剂回收率的影响

A—硫酸铵/乙醇 B—硫酸铵/异丙醇 C—硫酸铵/甲醇

D—磷酸氢二铵/乙醇 E—磷酸氢二铵/异丙醇

2. 硫酸铵质量分数的影响

盐的质量分数是形成ATPS的关键因素,考察了质量分数分别为20%、22%、25%、28%、30%的硫酸铵。结果表明,4种酰胺类除草剂的回收率均随硫酸铵质量分数的增加而增加。但当铵的质量分数继续增加时,回收率基本不变。其原因可能是随着硫酸铵质量分数的增加,硫酸铵对除草剂的盐化作用增强,从而降低了除草剂的水化程度,增加了有机相中除草剂的含量。除草剂的回收率自然提高。当硫酸铵达到一定量(28%)时,有机相和无机相达到平衡,分配系数不变,萃取回收率基本不变。因此,本研究确定的最佳条件为 28%硫酸铵(图 11-3)。

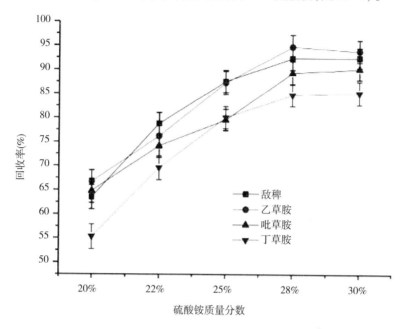

图 11-3　硫酸铵质量分数对 4 种乙酰苯胺类除草剂回收率的影响

3. 乙醇质量分数的影响

4 种酰胺类除草剂属于中极性有机化合物。乙草胺、丁草胺、丙醇和异丙甲草胺在水中的室温溶解度分别为 222.8 mg·L^{-1}、20 mg·L^{-1}、225 mg·L^{-1} 和 530 mg·L^{-1}。由于极性相似,乙醇对分析物具有良好的溶解性,与色谱流动相具有良好的相容性。因此,乙醇的质量分数对实验极为重要。本工作对质量分数分别为 20%、22%、25%、28%、30%的乙醇进行了测定。从图 11-4 可以看出,当乙醇的质量分数为 20%时,分析物不能被完全提取。随着乙醇质量分数的增加,4 种除草剂的回收率先增加后降低。乙醇质量分数为 25%时,4 种除草剂的回收率最高。因此,选择了 25%的乙醇。

4. 超声提取时间的影响

双水相萃取是一种平衡萃取。当平衡建立时,可以获得最佳的萃取效率和最高的回收率。考察了超声提取时间(0.5 min、1 min、2 min、3 min、4 min)对 4

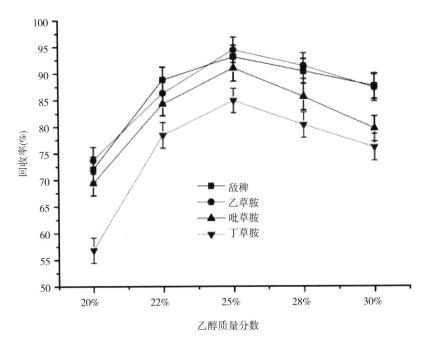

图 11-4　乙醇质量分数对四种乙酰苯胺类除草剂回收率的影响

种除草剂回收率的影响。实验结果(图 11-5)表明,当超声时间超过 1 min 时,4 种除草剂的回收率不变。原因可能是分析物和萃取相之间的界面面积很大。上部的微小液滴在溶液中均匀形成。目标分析物的相转移速度快,在很短的时间内即可建立萃取平衡。超声时间超过 1 min,不能提高 4 种除草剂的提取效率和回收率。因此,在下一步的工作中选择了 1 min。

5. 萃取温度的影响

温度的升高可以提高分子的随机运动速度,加速乙醇与除草剂的融合。因此,温度对实验结果有很大影响。一方面,萃取温度过低会导致除草剂萃取不完全。较高的萃取温度提高了超声波对除草剂结构的破坏能力。另一方面,温度的升高也会增加乙醇的挥发量。为了考察温度对 4 种除草剂回收率的影响,试验了提取温度(15℃、25℃、35℃、40℃、45℃)。如图 11-6 所示,四种酰胺类除草剂的回收率随着萃取温度的升高而增加。提取温度为 35℃时,4 种酰胺类除草剂的回收率最高。但随着萃取温度的升高,4 种酰胺类除草剂的回收率下降。因此,在进一步的工作中选择 35℃作为提取温度。

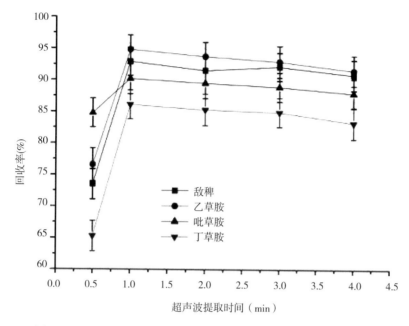

图 11-5　超声波提取时间对 4 种乙酰苯胺类除草剂回收率的影响

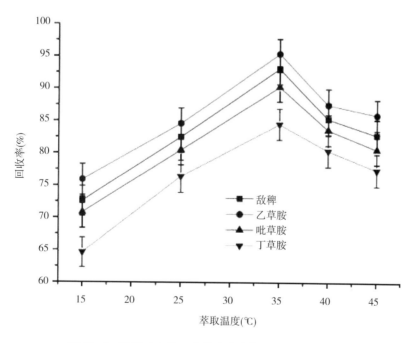

图 11-6　温度对 4 种乙酰苯胺类除草剂回收率的影响

最终确定实验条件：硫酸铵/乙醇双水相体系，硫酸铵质量分数为28%，乙醇质量分数为25%，超声提取时间为1 min，超声提取温度为35℃。

11.3.2 方法评估

为了得到更好的结果，减少误差，所有的实验都需要进行5次。在最佳条件下，制备了一系列不同浓度的混合工作校正溶液，并进行了高效液相色谱分析。用各除草剂的峰面积A绘制了浓度c的工作校准曲线，线性关系、相关系数、检出限和定量限如表11-1所示。结果表明，各除草剂的相关系数具有良好的线性关系。4种乙酰苯胺类除草剂的最低检出量均低于最大残留限量，适合于实际应用。

表11-1　线性关系

除草剂	线性范围（$\mu g \cdot kg^{-1}$）	线性方程	相关系数	LODs（$\mu g \cdot kg^{-1}$）	LOQs（$\mu g \cdot kg^{-1}$）
敌稗	0.75~750.00	$A=259.88c+91.398$	0.999 2	4.6	15.3
乙草胺	0.75~750.00	$A=353.35c+191.600$	0.999 0	3.5	11.8
异丙甲草胺	3.75~750.0	$A=59.696c+82.487$	0.998 7	5.8	19.5
丁草胺	7.50~750.00	$A=109.65c+23.681$	0.998 4	7.1	23.6

最后，对三种红小豆样品进行了分析，以评价该方法的适用性，分析结果见表11-2，回收率在86.1%～95.9%之间，精密度较好，因此，本方法适用于红小豆样品的分析。

表11-2　红小豆样品的分析结果

样品	酰胺类除草剂	加标水平（$\mu g \cdot kg^{-1}$）	回收率（%）	日内精密度 RSD（%）	日间精密度 RSD（%）
样品1	敌稗	10.0	93.0	2.1	3.5
		100.0	94.1	2.4	3.7
	乙草胺	10.0	94.8	2.3	3.7
		100.0	95.2	2.5	4.0
	异丙甲草胺	10.0	90.6	2.3	3.7
		100.0	90.8	2.0	3.4
	丁草胺	10.0	86.1	2.6	4.3
		100.0	87.3	2.5	3.8

续表

样品	酰胺类除草剂	加标水平 （μg·kg⁻¹）	回收率 （%）	日内精密度 RSD（%）	日间精密度 RSD（%）
样品 2	敌稗	10.0	94.6	2.4	3.6
		100.0	93.6	2.4	3.3
	乙草胺	10.0	95.9	2.1	3.5
		100.0	95.1	2.5	4.1
	异丙甲草胺	10.0	95.5	2.3	3.4
		100.0	94.2	2.1	3.2
	丁草胺	10.0	87.5	2.5	3.6
		100.0	87.3	2.8	4.5
样品 3	敌稗	10.0	94.6	2.3	3.7
		100.0	91.2	2.4	3.8
	乙草胺	10.0	93.0	2.1	3.4
		100.0	95.4	2.3	3.5
	异丙甲草胺	10.0	92.9	2.4	3.5
		100.0	94.4	2.2	3.1
	丁草胺	10.0	88.2	2.5	3.8
		100.0	86.9	2.6	3.4

标准溶液、空白真实样品 1 和加标样品 1 的典型色谱图如图 11-7 所示。

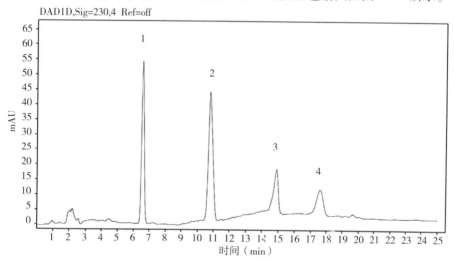

（a）标准溶液（10 μg·kg⁻¹）

图 11-7

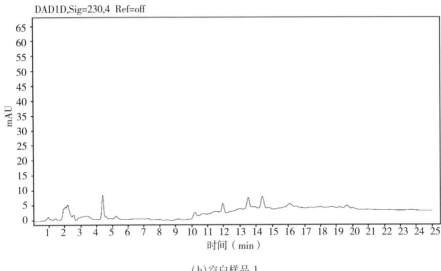

（b）空白样品 1

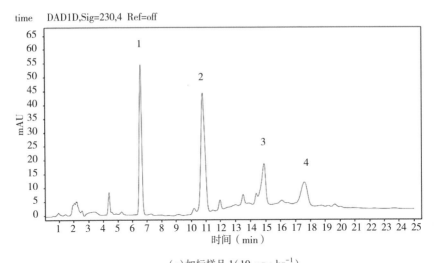

（c）加标样品 1（10 μg·kg^{-1}）

图 11-7　HPLC 色谱图

1—丙醇　2—乙草胺　3—异丙甲草胺　4—丁草胺

11.3.3　不同方法的比较

将该方法的分析性能与文献报道的方法进行了比较,用于测定这类样品中的这些除草剂。对比结果如表 11-3 所示。与文献中的其他方法相比,该方法不使用有毒试剂,不需要乳化,不需要进行反萃取,更简单、快速,相分离清晰,测定干扰小。达到了均相萃取、操作简单、两相分离、萃取效率高的目的。

表 11-3　方法比较

样品	方法*	进样量	有机溶剂	线性动态范围	分析时间（min）	加标水平（μg·kg⁻¹）	回收率（%）	RSD（%）	LOD（μg·kg⁻¹）
红小豆	ATPE	2.0 g	50 μL	0.75~750（μg·kg⁻¹）	1	10~100	86.1~95.9	2.0~4.5	3.5~7.1
马铃薯	QuEChERs	10.0 g	21 mL	5~5000（μg·kg⁻¹）	60	50~1000	71.2~93.9	4.2~7.6	2.0~20.0
大豆	LLE	2.0 g	79 mL	50~100（μg·L⁻¹）	35	50~100	75~102	1.9~16.1	1.0~7.2
谷物及油籽	LLSPE	10.0 g	180 mL	50~1000（μg·L⁻¹）	至少120	20~2 000	72.8~101.9	14	20~50

*:ATPE:水相两相萃取;QuEChERs:快速、简单、便宜、有效、坚固、安全;LLSPE:液—液固相萃取。

11.4　小结

实验采用 28% 的硫酸铵溶液,25% 的乙醇,超声提取时间 1 min,超声提取温度 35℃。该方法成功地应用于 3 种红小豆样品的分析,相对标准偏差≤4.5%。4 种酰胺类除草剂的回收率在 86.1% ~ 95.9% 之间,精密度高,检测限低。目前的方法因为避免了有毒的有机溶剂,是环境友好的,与其他传统方法相比,本方法提高了提取效率,降低了实验成本,简化了操作流程,缩短了提取时间,不需要在实验前除去蛋白质、脂类等杂质。

参考文献

［1］Shen XH, Feng P, Li RL. Analysis on quantitative traits of adzuki bean on genetic modification ［J］. Journal of Anhui Agricultural Science, 2018 ,46(34): 18-20.

［2］Tao B, Qiao YX, Chen GF, et al. Study on simultaneous determination of ten pesticides and metabolite residues in mung bean and red bean by QuEChERS-liquid chromatographytandem mass spectrometry ［J］. Journal of Northeast

Agricultural University, 2018, 49: 26–34.

[3] Zhang LY, Wang ChY, Li ZT, et al. Extraction of acetanilides in rice using ionic liquid – based matrix solid phase dispersion – solvent flotation [J]. Food Chemistry, 2018, 245:1190–1195.

[4] Zhang LY, Yu YB, YU RZh, et al. Determination of four acetanilide herbicides in brown rice juice by ionic liquid/ionic liquid–homogeneous liquid–liquid micro –extraction high performance liquid chromatography [J]. Microchemical Journal. 2019, 146:115–120.

[5] Zhang LY, Wang Ch Y, Li ZT, et al.. Extraction of acetanilides in rice using ionic liquid – based matrix solid phase dispersion – solvent flotation [J]. Food Chemistry, 2018, 245:1190–1195.

[6] RODRÍGUEZ – SALAZAR NATALIA, VALLE – GUADARRAMA SALVADOR. Separation of phenolic compounds from roselle (Hibiscus sabdariffa) calyces with aqueous two–phase extraction based on sodium citrate and polyethylene glycol or acetone [J]. Separation Science and Technology, 2020, 55:2313–2324.

[7] Li Q, Liu W, Zhu, X. Green choline amino acid ionic liquids aqueous two–phase extraction coupled with synchronous fluorescence spectroscopy for analysis naphthalene and pyrene in water samples [J]. Talanta, 2020, 219(1): 121305.

[8] Zhao M, Bai JW, Bu X Y, et al. Microwave – assisted aqueous two – phase extraction of phenolic compounds from Ribes nigrum L. and its antibacterial effect on foodborne pathogens [J]. Food Control, 2020, 119: 107449.

[9] GaoCH, Cai ChY, LiuJJ, et al. Extraction and preliminary purification of polysaccharides from Camellia oleifera Abel. seed cake using a thermoseparating aqueous two–phase system based on EOPO copolymer and deep eutectic solvents – ScienceDirect [J]. Food Chemistry. 2020, 313:126164.

[10] Fan Y, Lu YM, Cui B. Application of aqueous two–phase systems for extraction and purification of biological products [J]. Food and fermentation industrie, 2015, 41(7):268–273.

[11] Leite D D S, CarvalhoP L G, AlmeidaM R, et al.. Extraction of yttrium from fluorescent lamps employing multivariate optimization in aqueous two – phase systems [J]. Separation and Purification Technology, 2020, 242:116791.

[12] Xiao L D, Wang Y, Li H X. Study on the extraction of flavone from onion by

ethanol/dipotassium hydrogen phosphate two-phase aqueous system[J]. Food research and development, 2020, 41(8):160-165.

[13] Zuo G, Zhou H, Li Y, et al. Extraction of cadmium by potassium iodide-Propanol aqueous two-phase systems in the presence of ammonium sulfate and its application. Metallurgical Analysis, 2017, 37(8):73-77.

[14] Chen G, Li D, Shi J X, et al. Optimization of ultrasound-assisted aqueous two-phase extraction of tea polyphenols by response surface design[J]. Food Science, 2016,37(6):95-100.

[15] Li XM, Wu G, Gao Sh Q, et al. UHPLC-MS/MS determination of residual amount of 5 triazine herbicides in environmental water with aqueous two phase extraction using polyethylene glycol and inorganic salt[J]. Physical testing and chemical analysis (part B: Chemical Analysis), 2019, 55(5): 597-601.

[16] China Food and Drug Administration. National food safety standards Determination of acetanilide herbicide residues in cereals and oil seeds Gas chromatography-mass spectrometry: GB 23200. 1-2016 [S/OL]. Beijing: Standards Press of China, 2017:1-12(2017-02-09).

第 12 章　离子液体分散液液微萃取粗粮中 5 种有机磷农药

12.1　引言

有机磷农药(Opps)是一种由亚磷酸、硫代或含磷杂环有机化合物组成的化学物质,对草的生长有抑制作用。二嗪农、辛硫磷、倍硫磷和敌百虫在中国主要生产和广泛使用。它们是杀虫剂,但是对人类和动物也有害。根据相关国家标准,二嗪农、毒死蜱、辛硫磷、倍硫磷、敌百虫在谷物中的残留量分别不得超过 $0.02~\mathrm{mg \cdot kg^{-1}}$、$0.05~\mathrm{mg \cdot kg^{-1}}$、$0.1~\mathrm{mg \cdot kg^{-1}}$。然而,从近年来农产品检测结果来看,有机磷农药超标现象较为普遍,需要引起社会的广泛关注。目前,食品中有机磷农药的提取分离方法主要有分散液液微萃取、固相萃取、固相微萃取、磁性共轭微孔聚合物等。主要的检测方法是光谱学、色谱分析法和质谱分析法。目前,有关蔬菜、水果中有机磷农药残留分析检测的报道较多,而粗粮中有机磷农药残留分析的报道较少。然而,由于粗粮中含有大量的蛋白质和脂肪,使有机磷农药难以提取、分离和检测。

选择合适的萃取剂是提高萃取率的关键。根据相似配伍原理,萃取剂的性质必须与被分析物的性质相匹配,以保证较强且良好的洗脱能力。此外,它具有良好的色谱性能,在色谱条件下能较好地与被分析物分离。离子液体是由有机阳离子和无机或有机阴离子在室温或近室温条件下组成。为了从含有大量蛋白质和脂肪的杂粮中有效分离目标物,建立了杂粮中的有机磷农药的分析方法。解决了传统吸附剂去除蛋白质和脂肪能力低的问题,进一步提高了提取纯化效率。与传统有机溶剂相比,离子液体具有更好的萃取能力、生物相容性和环境友好性。在分析化学领域,越来越多的研究者选择离子液体作为萃取剂。

选择离子液体(IL)作为萃取剂和分散剂。建立了分散液液微萃取—高效液相色谱法(DLLME)提取和测定粗粮中 5 种有机磷农药。研究了 IL-DLLME 的影响参数。探讨了基于 IL 的 DLLME 方法的分析性能。该方法已应用于实际样品的分析。

12.2　材料与方法

12.2.1　化学试剂及材料

［HMIM］［PF_6］和［HMIM］［BF_4］来自中国上海成捷化工有限公司。乙腈和甲醇(色谱级)购自美国 Dikma Technologies Inc.。其他试剂(分析级)均购自北京化工厂(中国北京)。用甲醇配制农药(敌百虫、毒死蜱、辛硫磷、倍硫磷、二嗪农)的标准溶液浓度为 500 μg·mL^{-1},实验过程中根据需要用甲醇稀释改变标准溶液的浓度。所有标准原液在 4℃ 的黑暗中保存。

12.2.2　仪器

采用 1260 系列液相色谱仪(美国安捷伦科技公司),配有二极管阵列检测器、自动进样器和四元梯度泵。目标物采用 Agilent Eclipse XDB-C18 柱(150 mm×4.6 mm i.d.,3.5μm,Agilent,美国)进行色谱分离。采用 JFSD-100-Ⅱ粉碎机(中国上海嘉定)和 RE-52AA 真空旋转蒸发器(中国上海亚荣)。HPLC 级水从 Millipore 公司(美国 Millipore Corp.)的 Milli-Q 净水系统中获得,并用于制备所有水溶液。

12.2.3　样品处理

试验所用杂粮于 2017 年 5 月购自黑龙江省大庆市农贸市场。为了得到粉末状的样品,每个样品都用粉碎机粉碎后,经过 80 目筛后提取。将原标准溶液加入样品中,制备出含有 5 种农药的新鲜和陈年加标样品。为保证农药分布均匀,在提取前加入适量丙酮湿润样品粉末,仔细搅拌,室温风干 24 h。陈年加标样品保存在密封的瓶子和存储。所有样品在使用前均在 4℃ 冷藏并在室温下保存。

12.2.4　IL-based DLLME 过程

基于离子液体的分散液—液微萃取流程图如图 12-1 所示。准确称取 2.00 g的杂粮,50℃时溶于纯去离子水中。固液比为 1∶8 (g·mL^{-1}),加入 0.12 g NaCl固体粉末。将混合溶液摇晃 10.00 min,然后转移到特氟隆抽提管中。用 1 mol·L^{-1} NaOH 和 1 mol·L^{-1} HCl 调节管中混合溶液的 pH 值至 7.0。搅拌 5 min,室温 14 600 r·min^{-1} 离心 10.00 min。将上层溶液完全转移至离心管中。然后在上层溶液中分别加入 60 μL［HMIM］［PF$_6$］(萃取剂)和 60 μL［HMIM］［BF$_4$］(分散剂)。将得到的溶液超声振荡 2.00 min,取出放置 1.00 min, 15 000 r·min^{-1} 离心 5.00 min。在萃取管底部获得良好的离心离子液体沉积相,上层溶液完全去除,流动相将离子液体萃取相稀释至 100 μL,经 0.22 μm PTFE 过滤膜纯化,采用高效液相色谱法进行分离检测。

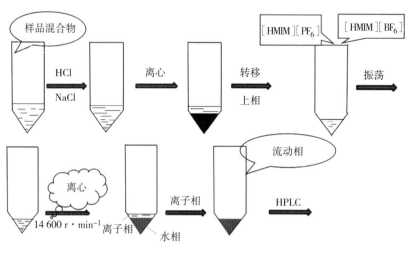

图 12-1　实验流程图

12.2.5　色谱分析

流动相 A、B 为乙腈和水(60 : 40)。柱温为 30℃,流动相流速为 0.80 mL·min^{-1}。紫外检测波长为 220 nm。参考波长为 360 nm,带宽为 4 nm。

12.3　结果与讨论

12.3.1　萃取实验条件的优化

为了更好地优化实验条件,减少误差,所有实验需要重复进行五次。

1. 萃取剂的种类和用量的影响

萃取剂是重要的前处理溶剂,选择合适的萃取剂可以提高萃取效率,有利于农药从杂粮中分离。研究了甲醇(MeOH)、正己烷(NH)、二氯甲烷(DM)、乙腈

（ACN）和［HMIM］［PM₆］（IL）萃取剂对 5 种有机磷农药的回收率的影响。如图 12-2 所示,我们发现［HMIM］［PF₆］作为萃取剂时,农药的回收率略高于其他萃取剂。原因可能是与其他溶剂相比,［HMIM］［PF₆］具有更好的生物相容性,水溶性更少,挥发性更小,密度比水高。而且［HMIM］［PF₆］在分散剂的作用下更容易形成均匀分散在水相中的小液滴,具有良好的色谱性能。因此,实验选择［HMIM］［PF₆］作为萃取剂。

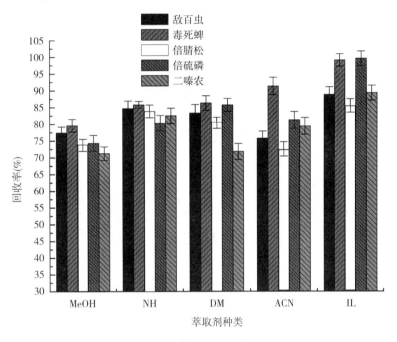

图 12-2　萃取剂种类的影响

萃取剂的体积直接影响方法的富集系数。随着萃取剂体积的增加,离心后萃取相体积也增加,萃取相中的分析物浓度降低,富集率降低,灵敏度也降低。因此,萃取剂的用量既要保证高富集比,又要保证 HPLC 分析中有足够的萃取相。最后,根据实验结果选择萃取剂的用量为 60 μL。

2. 分散剂种类和体积的影响

在 DLLME 中,分散剂起着桥梁的作用。分散剂中溶解的萃取剂随着分散剂体积的膨胀而释放。当膨胀分散剂溶解在样品溶液中时,部分萃取剂析出。因此,在实验中必须考虑分散剂对萃取效率的影响。考察了乙腈（ACN）、丙酮（AT）、［HMIM］［BF₄］（IL-B）、甲醇（MeOH）和乙醇（EA）等分散剂对分散剂性能的影响。结果如图 12-3 所示。结果表明,以［HMIM］［BF₄］作为分散剂时,5

种农药的回收率相对最好。原因可能是[HMIM][PF$_6$]和[HMIM][BF$_4$]都是离子液体。在分散剂的作用下,[HMIM][PF$_6$]更迅速地分散成小液滴,并在水样中均匀分散。萃取过程也能更快地达到平衡,水/分散剂/萃取剂乳液体系的移动速度更快。因此,在进一步的实验中,采用[HMIM][BF$_4$]作为分散剂。

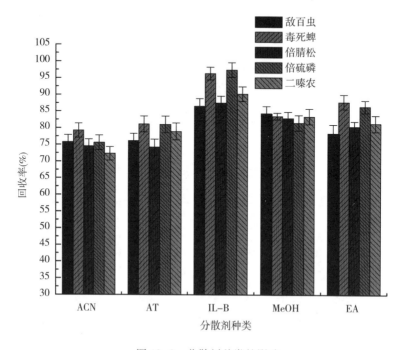

图 12-3　分散剂种类的影响

　　分散剂的体积直接影响"水/分散剂/萃取剂乳液体系"的形成,从而影响萃取效率。因此,考察了分散剂体积(40 μL、60 μL、80 μL、100 μL、120 μL)对 5 种分散剂回收率的影响。分散剂体积小时,萃取剂不能在水相中均匀分散,不能形成良好的乳液体系,降低了萃取效率。当分散剂体积较大时,分析物在水中的溶解度增加,萃取困难,萃取效率降低。在此基础上,选择 60 μL 作为分散剂的体积。

3. 提取时间的影响

　　萃取时间是从含有萃取剂的分散剂注入样品溶液到单独的乳化液开始离心的时间。在这项工作中,超声被用来协助提取目标分析物。实验分析了 2 min、3 min、4 min、5 min、6 min 提取时间对回收率的影响。如图 12-4,结果显示,在3.00 min 时回收率较好,说明提取过程在 3 min 内完成。另外,超声辅助提取也

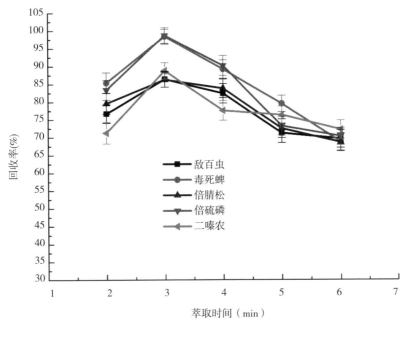

图 12-4　萃取时间的影响

加快了提取速度。超声波对液体的空化、加速和直接流动作用直接和间接促进了目标物的分散提取,缩短了提取时间。

4. pH 值影响

通过调整样品溶液的 pH 值,可以提高目标物的提取效率。因此,研究了样品溶液 pH 值(6,7,8,9,10)的影响。结果如图 12-5 所示,结果表明,pH 值为7.0 时,5 种农药的回收率最高。一方面,在中性条件下,5 种有机磷农药不易分解且相对稳定;另一方面,将溶液 pH 控制在 7.0,可以改变溶液中某些酸性或碱性分析物的电离平衡,使它们更倾向于中性分子。

5. NaCl 用量的影响

由于分析物在萃取剂和样品溶液之间的分配系数受样品基质的影响。当试样基体发生变化时,分配系数也会发生变化。通常在样品中加入 NaCl 以增加溶液的离子强度。测试了 NaCl 用量的影响。结果如图 12-6 所示,随着 NaCl 用量的增加,样品溶液的离子强度增加。离子强度的增加会增加目标物在非水相中的分布系数,降低萃取剂在水溶液中的溶解度,导致沉积相体积的增加。当添加量为 0.15 g时,回收率最高。但当 NaCl 浓度继续增加到大于 0.15 g 时,回收率略有下降。

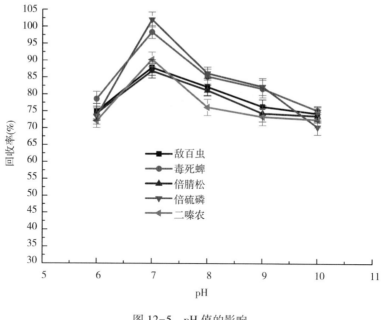

图 12-5　pH 值的影响

这可能是由于离子的存在改变了 nnst 扩散层的物理性质,从而降低了目标分析物进入小液滴的扩散速率。因此,选择 NaCl 用量为 0.15 g。

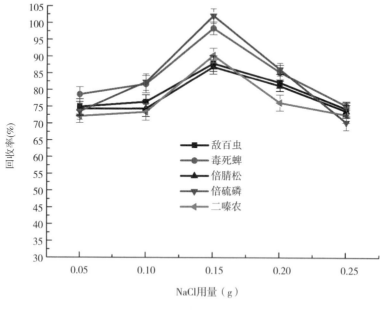

图 12-6　NaCl 用量的影响

12.3.2 性能分析

1. 线性范围、检出限和精密度

在优化的实验条件下,对一系列标准溶液的浓度进行测试,结果如表 12-1 所示。5 种有机磷农药在 5.0 ~ 500.0 μg·kg⁻¹ 范围内呈良好的线性关系。该方法的检出限为 2.3 ~ 8.6 μg·kg⁻¹。定量极限(*loq*;$S/N = 10$,表 12-1),为 8.0 ~ 28.8 μg·kg⁻¹。相对标准偏差小于 3.3%。可以看出,该方法完全满足有机磷农药检测的要求,且灵敏度和重现性较高。该方法适用于粗粮中有机磷农药的快速检测。

表 12-1 分析性能

农药	线性方程	相关系数	线性范围 (μg·kg⁻¹)	LOD (μg·kg⁻¹)	LOQ (μg·kg⁻¹)
敌百虫	$A = 759.30c + 393.17$	0.990 7	5.0~500.0	3.8	12.6
毒死蜱	$A = 22.95c + 7.07$	0.991 0	5.0~500.0	4.5	14.9
倍腈松	$A = 12.37c + 8.30$	0.991 3	5.0~500.0	5.5	18.3
倍硫磷	$A = 88.29c + 71.03$	0.994 2	5.0~500.0	4.0	13.5
二嗪农	$A = 48.83c + 38.45$	0.992 3	5.0~500.0	2.5	8.1

2. 准确性和回收率

方法的准确度通常用方法的标准回收率来表示,而精密度通常用相对标准偏差来表示。根据 SANTE/11813/2017[EU,2017]法规,采用相对标准偏差方法估计农药残留测定结果的不确定度。

$$U = \sqrt{U_{(RSD)}^2 + U_{(bias)}^2}$$

式中,U 为组合标准不确定度,$U_{(RSD)}$ 为实验室内的重现性,$U_{(bias)}$ 是由方法偏差和实验室偏差引起的不确定度分量。所有实验都是在相同的实验环境下,由相同的操作人员进行的,因此可以将 $U_{(bias)}$ 视为固定值。所以,$U_{(RSD)}$ 越小,U 就越小。

在最佳提取条件下,分别提取 10.0 μg·kg⁻¹、100 μg·kg⁻¹ 未提取目标物的 3 种杂粮。计算平均加标回收率。标准溶液、空白样品 1 和加标样品 1 的典型色谱图如图 12-7 所示。

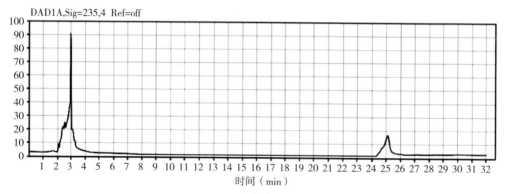

（a）空白样品

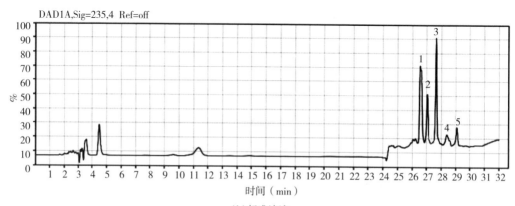

（b）标准溶液

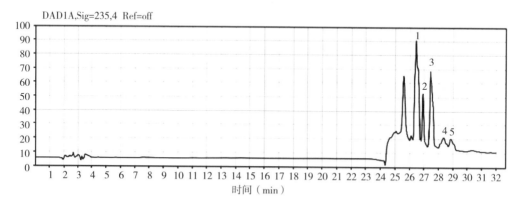

（c）加标样品

图 12-7　色谱图

结果如表 12-2 所示。5 种有机磷农药的平均标准回收率为 85.3 ~ 107.3%，相对标准偏差小于 3.3%。本方法的平均回收率、精密度和定量限均符合 SANTE/11813/2017 的规定。结果表明,该方法具有较好的准确度和重现性。

表 12-2　杂粮中 5 种有机磷农药的回收率和相对标准偏差

样品	农药	加标浓度（μg·kg⁻¹）	回收率(%)	RSD（%）
样品 1	敌百虫	10. 00 100. 00	85. 3 88. 4	2. 5 2. 5
	毒死蜱	10. 00 100. 00	99. 3 100. 3	2. 3 2. 2
	倍腈松	10. 00 100. 00	87. 5 89. 2	2. 1 2. 4
	倍硫磷	10. 00 100. 00	107. 2 106. 4	1. 9 2. 2
	二嗪农	10. 00 100. 00	93. 7 92. 8	2. 4 2. 3
样品 2	敌百虫	10. 00 100. 00	90. 4 91. 2	2. 5 2. 3
	毒死蜱	10. 00 100. 00	101. 7 102. 5	2. 8 1. 7
	倍腈松	10. 00 100. 00	89. 6 91. 0	2. 3 2. 2
	倍硫磷	10. 00 100. 00	105. 1 106. 3	2. 4 2. 0
	二嗪农	10. 00 100. 00	87. 9 88. 6	3. 1 3. 3
样品 3	敌百虫	10. 00 100. 00	90. 1 91. 2	2. 8 2. 6
	毒死蜱	10. 00 100. 00	102. 3 101. 5	2. 3 1. 9
	倍腈松	10. 00 100. 00	90. 1 92. 5	2. 3 2. 2
	倍硫磷	10. 00 100. 00	106. 4 105. 9	2. 0 2. 1
	二嗪农	10. 00 100. 00	88. 7 89. 4	3. 1 2. 9

12.4　不同方法的比较

研究人员将本文提出的方法与近年来文献报道的对食品中有机磷的分析方法进行了比较,结果见表 12-3。由此可见,该方法不仅具有高选择性、高灵敏度,而且检测限低、溶剂消耗少、样品前处理时间短、操作步骤简单等优点。

表 12-3　方法比较

样品	方法*	进样量（g）	有机溶剂（mL）	线性动态范围	分析时间（min）	加标水平（$\mu g \cdot kg^{-1}$）	回收率（%）	RSD（%）	LOD（$\mu g \cdot kg^{-1}$）
谷类	IL-based DLLME	2.0	0.1	$5 \sim 500$（$\mu g \cdot kg^{-1}$）	3	10, 100	$85.3 \sim 107.3$	$1.7 \sim 3.3$	$2.5 \sim 5.5$（$\mu g \cdot kg^{-1}$）
食物	SPMEF	10.0	110	$20 \sim 2000$（$\mu g \cdot L^{-1}$）	42	50, 100, 500（$\mu g \cdot L^{-1}$）	$82 \sim 98$	$3.6 \sim 7.8$	$3.0 \sim 10.0 \ \mu g \cdot L^{-1}$
茶叶	MWCNTs-based DSPE	4.0	11	$0.5 \sim 100$（$\mu g \cdot L^{-1}$）	38	20, 50, 150（$\mu g \cdot kg^{-1}$）	$87.7 \sim 104$	$1.1 \sim 8.9$	$0.5 \sim 4.6$（$\mu g \cdot kg^{-1}$）
谷类	LLE	20.0	251	—	至少 40	—	$73.4 \sim 108.2$	$2.2 \sim 7.7$	$2 \sim 14$（$\mu g \cdot kg^{-1}$）

*：SPMEF:固相微萃取纤维;基于 MWCNTs 的 DSPE:多壁碳纳米管分散固相萃取;LLE:液—液萃取。

用统计分析的方法对样品的回收率进行了比较。采用 Student's t 检验。统计分析如表 12-4 所示。结果表明,采用本方法得到的加标回收率与 GB/T 5009.145 中方法得到的结果无显著差异。

表 12-4　回收率统计分析

方法	分析物	n	平均回收率	平均RSD	t	df	Sig.
本方法	敌百虫	5	87.10	2.24	0.214	4	0.841
GB/T 5009.145		5	86.96	2.2			
本方法	毒死蜱	5	98.68	2.42	1.638	4	0.178
GB/T 5009.145		5	97.8	2.20			
本方法	倍腈松	5	87.56	2.26	1.945	4	0.124
GB/T 5009.145		5	86.72	2.26			

续表

方法	分析物	n	平均回收率	平均RSD	t	df	Sig.
本方法	倍硫磷	5	107.24	2.36	1.018	4	0.366
GB/T 5009.145		5	106.6	2.22			
本方法	二嗪农	5	87.84	2.78	-1.396	4	0.235
GB/T 5009.145		5	88.7	2.38			

参考文献

[1] Bao ZhZ, Deng ZhP. Matrix effects on GC determination of 30 organophosphorus pesticides residues in fruits and vegetables[J]. Hubei Agr Science, 2019, 58: 152-156.

[2] Chen ZL, Dong FSh, Xu J, et al. Management of pesticide residues in China[J]. Journal of Integrative Agriculture, 2015, 14(11): 2319-2327.

[3] Cai WQ, Lei HY, Hu YL, et al. Determination of seven organophosphorus insecticides in fruits and vegetables by ultra - high performance liquid chromatography - tandem mass spectrometry based on magnetic conjugated microporous polymers[J]. Chin J Chromatogr, 2020, 38: 113-119.

[4] EU, 2017 Analytical quality control and method validation procedures for pesticide residues analysis in food and feed SANTE/11813/2017 Safety of the Food Chain Pesticides and Biocides European Commission Directorate General for Health and Food Safety.

[5] Huang X Ch, Ma JK, Feng RX, et al. Simultaneous determination of five organophosphorus pesticide residues in different food samples by solid - phase microextraction fibers coupled with high-performance liquid chromatography[J]. Journal of the Science of Food and Agriculture, 2019, 99(15): 6998-700.

[6] Li ZX, Nie JY, Yan Zh, et al. Risk assessment and ranking of pesticide residues in Chinese pears[J]. Journal of Integrative Agriculture, 2015, 14: 2328-2339.

[7] Liu J, Lu WH, Cui R, et al. Determination of organophosphorus and carbamate insecticide residues in food and water samples by solid phase extraction coupled with capillary liquid chromatography [J]. Se pu = Chinese journal of

chromatography,2018,36(1): 30-36.

[8] Mao XJ, Wan YQ, Li ZhM, et al. Analysis of organophosphorus and pyrethroid pesticides in organic and conventional vegetables using QuEChERS combined with dispersive liquid-liquid microextraction based on the solidification of floating organic droplet[J]. Food Chemistry,2020, 309.

[9] National standard for food safety maximum limit of pesticide residue in food: GB 2763-2016 The ministry of agriculture of the People's Republic of China, and the state food and drug administration Beijing: China standard press, 2016.

[10] The ministry of agriculture of the People's Republic of China (2004) Determination of organophosphorus and carbamate pesticide multiresidues in vegetable foods: GB/T 5009145-2003 , and the state food and drug administration Beijing: China standard press.

[11] Yu FR, Li DL. A review on effect of organophosphorus pesticide on human health and the detection method of pesticide residue[J]. Ecological Science, 2015,34 (3).

[12] Ye M, Beach J, Martin JW. A Senthilselvan Pesticide exposures and respiratory health in general populations[J]. Journal of Environmental Sciences, 2017. 51 (1): 361-370.

[13] Zhang MH, Zeiss MR, Geng Sh. Agricultural pesticide use and food safety: California's model[J]. Journal of Integrative Agriculture, 2015, 14(11): 2340 -2357.

[14] Zhang LY, Yao D, Yu RZ, et al. Extraction and separation of triazine herbicides in soybean by ionic liquid foam-based solvent flotation and high performance liquid chromatography determination [J]. Anal Methods, 2015, 7 (5): 1977-1983.

[15] Zhu BQ, Jin ShQ, Tian ChX, etal. Simultaneous Determination of 40 organophosphorus pesticides in tea by online GPC/GC-MS/MS with multiwalled carbon nanotubes as dispersive solid phase extraction sorbent [J]. Journal of Instrumental Analysis, 2018, 37: 404-410.

[16] Zhang L Y, Wang ChY, Li ZT, et al. Extraction of acetanilides in rice using ionic liquid-based matrix solid phase dispersion-solvent flotation. Food Chemistry,2018, 245: 1190-1195.

［17］Zhang LY，Yu RZh，Yu YB，et al. Determination of four acetanilide herbicides in brown rice juice by ionic liquid/ionic liquid–homogeneous liquid–liquid micro – extraction high performance liquid chromatography. Microchem ［ J ］. Microchemical Journal，2019，146：115–120. .

［18］Zhang LY，Ma ZhCh，Wang ChY，et al. Extraction of acetanilide herbicides in naked oat（ Avena nuda L）by using ionic – liquid – based matrix solid – phase dispersion–foam flotation solid–phase extraction［ J ］. Journal of Separation ence，2019，42（22）：3459–3469.

［19］Zhang LY，Liu JJ，Yu RZh，et al. Silica gel immobilized ionic liquid dispersion extraction and separation of triazine and acetanilide herbicides in beans［ J ］. Food Analytical Methods，2020，13（24）：1791–1798.